DU

PLAN INCLINÉ

COMME

GRANDE MACHINE AGRICOLE;

MÉMOIRE

LU A LA SOCIÉTÉ ROYALE ET CENTRALE D'AGRICULTURE,
DANS LES SÉANCES DES 7 ET 28 JANVIER 1835;

PAR

M. AUGUSTE DE GASPARIN.

ORANGE,
IMPRIMERIE DE RAPHEL FILS,
Rue Pillerie.

S

DU

PLAN INCLINÉ

COMME

GRANDE MACHINE AGRICOLE.

MÉMOIRE

LU A LA SOCIÉTÉ ROYALE ET CENTRALE D'AGRICULTURE,
DANS LES SÉANCES DES 7 ET 28 JANVIER 1835.

PAR

M. AUGUSTE DE GASPARIN.

ORANGE,

IMPRIMERIE DE RAPHEL FILS,

Rue Pillerie.

1856.

Préface.

Il y a déjà plus de vingt ans que je publiais cet écrit ; je le croyais perdu dans tous les souvenirs et noyé dans cet océan de brochures qui ont inondé le pays.

Quelques amis s'en souviennent et m'engagent à publier une seconde édition. Un intérêt nouveau est venu s'ajouter à celui des irrigations ; il s'agit de défendre les richesses acquises avant d'en créer de nouvelles ; et, comme un bien ne marche jamais seul, le système des barrages et des retenues, que j'indiquais alors dans la vue des irrigations, est aussi le plus énergique et le plus sensé des remèdes contre les inondations croissantes qui menacent nos meilleures contrées.

C'est après avoir parcouru un grand cercle d'erreurs qu'on arrive enfin à ces vérités simples et primitives qui avaient créé tant de puissances et de richesses, dont les traces vivantes parlent encore aux voyageurs dans les Indes et à Ceylan, conquêtes aujourd'hui d'une cupidité exclusive qui laisse dépérir les nobles monuments.

Après vingt ans, je n'ai rien à supprimer à ce que j'avais dit ; les nécessités sont les mêmes, elles se sont accrues ; il faut d'ailleurs que chaque écrit porte le cachet de son âge, et c'est la dignité du vieillard de conserver son langage et ses convictions.

DU PLAN INCLINÉ

COMME GRANDE MACHINE AGRICOLE.

MÉMOIRE

LU A LA SOCIÉTÉ ROYALE ET CENTRALE D'AGRICULTURE,
DANS LES SÉANCES DES 7 ET 28 JANVIER 1835.

Extrait des *Annales de l'Agriculture Française*.

> Le même jour, ceux de Réal m'emmenèrent dans
> leur pays charmant pour plaider contre ceux
> d'Itérame, devant un consul et dix commissaires :
> ils se plaignent que, depuis qu'on a coupé une
> montagne pour élargir l'embouchure que Curius
> avait faite au lac Velinus, qui se décharge dans
> le Nar, la plaine nommée Rosca a perdu presque
> toute cette humidité qui la rendait si fertile.
>
> CICÉRON A ATTICUS.

La grande question sur les machines n'est pas complètement résolue par mon précédent ouvrage : sans doute l'application des moyens mécaniques a relevé l'espèce ; le développement de ce fécond principe tend à disperser ces foyers dangereux que l'industrie rassemble dans nos grandes cités ; il fixera les bras dans les campagnes. Mais la machine elle-même va envahir les campagnes ; la charrue à vapeur ouvrira avant peu les guérets de l'Angleterre ; l'intelligence humaine empruntera de plus en plus à la nature sa puissante coopération ; les héritiers du travail répondront dans les champs à ce même cri d'effroi que pousse l'atelier, à la vue de cette perturbation inattendue, de ces moyens nouveaux , qui viennent partout suppléer à la force musculaire ; ils ne comprendront pas d'abord , ils n'accepteront qu'avec crainte le noble don de l'intelligence. Cherchons à préparer et à faire comprendre cette grande et salutaire crise ; prévenons , par l'exposé des faits et le développement de leurs conséquences, ces ligues honteuses de l'esclavage et de la barbarie ; préparons les conquêtes de la science ; établissons les véritables principes de l'indépendance, basés sur l'ennoblissement de l'humanité ; et que l'écho de nos campagnes ne répète qu'un cri de liberté !

Eh bien ! quelle que soit la puissance de ces machines, quelle que soit la force qu'elles recèlent dans leurs foyers brûlants , quels que soient les effets inattendus dont elles peuvent frapper nos regards, elles ne sauraient nous surprendre, nous, qui possédons depuis longtemps, qui jouissons des effets d'une machine simple , mais plus grande, plus prodigieuse que tout ce que la force de la vapeur, unie aux plus puissants leviers, pourrait jamais produire ; qui roule dans nos plaines la fertilité et l'abondance , qui décuple tout d'un coup la valeur du sol , et nous prodigue les richesses sans labeur : c'est le plan incliné.

Quel peuple plus préparé aux prodiges de l'industrie que le peuple de Vaucluse, qui emprunte à la Durance, à la Sorgues , à tous ses affluents, tant de richesses et de repos. En vain demanderiez-vous à la manufacture ses plus ingénieux procédés, et les appliqueriez-vous à la culture de vos champs, feriez-vous jamais rien qui égalât nos magnifiques prairies ? Elles sont comme un enseignement constant , une leçon vivante , qui nous répètent que ce n'est point par les sueurs, mais par de simples et rationnelles combinaisons que l'homme établit son empire. Cette admirable et simple machine , dont nous allons décrire les effets, dont nous invoquons l'influence, n'attend point , pour agir, les exigences d'étendue ou de richesse ; petite avec les petits , grande avec les grands , elle se plie à tout , dans toutes les proportions ; avec ses appareils simples ou puissants, elle suit les niveaux que lui trace l'intelligence.

C'est sur ce magnifique amphithéâtre , qui se déroule des sommets du Ventoux , aux rives du Rhône , dans ce pays qui possède , sur un espace

borné, depuis les pâturages alpestres, à 1,000
toises au-dessus de la mer, jusqu'aux terrains
qui s'abaissent presqu'à son niveau ; c'est sur ce
sol varié que, sans franchir les monts, nous pouvons étudier les enseignements de l'Italie.

En parcourant le département de Vaucluse,
on est frappé de deux genres de succès agricoles
bien distincts : le premier, qui se lie à ce que
j'appellerai la civilisation turbulente et tracas-
sière du Nord, avec son énergie, ses outils, ses
travaux qui absorbent tous les instants, boule-
verse la terre, l'effondre, la mine ; l'autre, noble
héritage de l'antiquité, qui se repose sur les herbages, invoque le secours des eaux, les dirige
tranquillement sur le sol, et attend leurs immenses résultats : c'est celui dont nous allons nous
occuper, parce qu'il s'accorde avec nos principes, que c'est la civilisation du bonheur, qu'il
respecte les loisirs, et qu'un simple, mais héroï-
que moyen, vient ici suppléer à ces agencements
compliqués qui excèdent l'espèce humaine.

A Orange, la cinquantième partie du territoire
est soumise à l'irrigation, et, quelque petite que
soit cette étendue, elle devient assez importante
pour former un trait frappant de notre agriculture : des prairies aussi belles que celles du Milanais se coupent trois ou quatre fois dans l'année,
et s'afferment jusqu'à 850 francs l'hectare ; un

tiers environ de cette somme passe aux frais de culture. Un produit pareil représente de trois à dix fois le revenu des sols identiquement semblables, soumis à la culture ordinaire ; et quand on pense qu'un tel avantage s'obtient presque sans travaux, on doit convenir de la supériorité de ce genre d'exploitation.

A Avignon, ce trait de notre agriculture méridionale se développe sur une plus grande échelle : un canal pris à la Durance, les eaux de la Sorgues et l'emploi journalier de ces moyens, ont étendu l'irrigation sur un plus grand rayon ; l'eau triple encore ici la valeur des excellents terrains qui entourent la ville.

A Vaison, à Malaucène, l'arrosage fait élever le prix des sols, naturellement inférieurs, à 12 et 14,000 francs l'hectare.

A Cavaillon, où l'on tire du terrain des produits si variés, où le melon et l'artichaut sont, pour ainsi dire, de la grande culture, où le blé brave, sous l'irrigation, les plus grandes sécheresses, l'eau de la Durance a, en certains lieux, décuplé la valeur du sol ; des garigues qui valaient à peine 500 fr. l'hectare en valent 5,000 aujourd'hui.

A Sorgues, une lande stérile, qui affligeait l'œil des voyageurs, arrosée de ces mêmes eaux, a centuplé de prix ; de riantes campagnes, dignes de la Lombardie, sont venues remplacer le désert.

C'est sous de faibles moyens, toutefois, que se développent ces richesses du sol ; ce n'est guère qu'à Cavaillon, sur les bords immédiats de la Durance, qu'elles ont acquis un déploiement remarquable ; partout ailleurs, ce sont des tentatives, c'est comme un exemple légué à nos générations, pour leur montrer ce qu'elles peuvent et doivent faire ; ce sont des traditions de l'antiquité, un souvenir de l'Italie ; ce sont quelques lambeaux épars qui se défendent des envahissements de la charrue ; là, on a recours à l'eau d'une fontaine ; ici, on emprunte au torrent, que l'ardeur des étés a bientôt mis à sec ; sur deux points, de faibles ruisseaux retenus par des digues forment d'utiles réservoirs qui font la prospérité de deux villages.

A Caromb, à la Tour d'Aigues, la main de l'homme intelligent a donné un grand exemple : c'est une semence qui fructifiera, quand la direction agricole cessera d'être confiée aux efforts isolés de nos colons, que les gouvernements comprendront leur grande mission, qu'ils sauront qu'ils sont l'unique syndicat d'une population dispersée, sans liens, sans moyens d'action, réduite à l'individualité.

Cette mission avait été comprise par des hommes qui, sans parler de lumières, les possédaient réellement. Nous avons ajouté quelques mots techniques à leur vocabulaire, mais nous sommes restés en arrière de leur connaissance exacte du pays. Le code des arrosages du Comtat et des princes d'Orange, la protection accordée à toute entreprise hydraulique, prouvent que dans ce temps on avait mieux compris que de nos jours les ressorts de notre prospérité ; c'est que l'impulsion, alors, partait du Midi, de gens qui vivaient sous son influence ; le Nord ne pesait point encore sur nous ; il n'avait point proscrit notre langage et notre nationalité ; nos besoins étaient appréciés par ceux qui les partageaient.

C'est un évêque de Carpentras qui fit construire l'écluse de Caromb : c'est une bien petite source, dont les eaux se ramassent lentement en hiver ; qui, à la voix de la puissance et du génie, a pris l'importance d'une rivière. Ce sont les seigneurs de la Tour d'Aigues qui renouvelèrent ce grand et bel exemple, aux environs de Pertuis ; mais, où sont les évêques, où sont les seigneurs d'aujourd'hui ? Quel patronage a remplacé le leur ? Il n'y en a qu'un possible : c'est l'association nationale à qui nous avons remis tous nos moyens d'action, c'est la royauté et son gouvernement ; la démocratie agricole, qui la couvre de sa puissante égide, peut aussi revendiquer ses canaux et ses bassins de Lampy et de Saint-Ferréol.

L'exemple de ces retenues, de ces lacs artificiels, comme je les appellerai, sont encore une conception italienne; ils sont communs au Piémont, car ce n'est que rarement qu'on peut mettre à contribution l'eau des grands fleuves qui occupent le bas des vallées; ce n'est que par des travaux longs et dispendieux qu'on peut emprunter leur service; c'est toujours à leurs affluents qu'on demande l'arrosage; ce n'est pas le Pô, mais l'Adda, l'Adige et le Tessin, qui arrosent la Lombardie; leur cours est plus rapide, il part plus immédiatement des montagnes. Ainsi, excepté dans quelques cas, ce n'est pas au Rhône, malgré son cours constant et la qualité reconnue de ses eaux, que nous demanderons nos irrigations : c'est à ces torrents qui s'élancent de nos Alpes avec une rapidité décuple de la sienne; c'est sur leur cours qu'on trouvera les niveaux élevés qui peuvent amener l'eau sur les plateaux exhaussés de nos plaines; c'est à eux que nos terrains médiocres demanderont le tribut de la fécondité. C'est au Lez, c'est à l'Aigues, c'est à la Louvèse, et de l'autre côté du Rhône, à l'Ardèche, au Cèse et au Gardon, à fournir à tous nos besoins; mais c'est par une exploitation particulière, c'est en imitant sur les sources les travaux exécutés sur de faibles ruisseaux, que ces rivières peuvent prendre une importance décisive.

Le nord-ouest du département de Vaucluse ne possède que peu de moyens d'irrigation : concentrées aux bords immédiats du Lez, près de Bollène, et de la Meyne, près d'Orange, les eaux supérieures du Lez et de l'Aigues sont retenues dans le haut des vallées. Un rudiment de canal, emprunté au Rhône, au-dessous de la cataracte de Viviers, n'a point rempli l'espérance qu'il avait fait naître ; issu des bords immédiats du fleuve, c'est-à-dire à la partie déclive de la vallée, il n'est applicable qu'aux terrains les plus bas ; toutefois, la contrée en eût pu retirer de grands avantages, si les intérêts se fussent combinés. Mais l'entreprise a été livrée à la force privée ; le canal n'a point eu l'ouverture nécessaire, et n'a point été poussé au-dessus de la cataracte. Les résultats se sont ressentis de l'insuffisance des moyens ; ce canal, commencé sous Louis XIV, est encore à faire.

En parlant de tant de faiblesse, n'est-ce pas le cas d'invoquer ici la force nationale, l'influence départementale, le budget des communes? Eh quoi ! des canaux de navigation se creusent aux frais de l'Etat, dans l'intérêt d'un commerce dont on ne sait pas étendre la base, qui est l'abondance des produits ; des bassins supérieurs se construisent pour les alimenter, les départements s'imposent ou empruntent pour établir leur viabilité; les communes trouvent, sur leur budget, des salles de spectacle, des monastères, des églises, et vingt mille hectares, qui valent cinquante millions, qui, sous l'irrigation, peuvent doubler de valeur, ne sauraient réveiller l'attention? Mais c'est la base sur laquelle s'établiront et des chemins plus beaux, et des salles plus somptueuses, et des églises plus ornées; car c'est la base d'un revenu immense. Huit lieues de canaux compléteraient cette œuvre; deux millions l'accompliraient magnifiquement.

Un arrosage, pour porter tous ses fruits, ne doit rien avoir d'exagéré; il doit suppléer à une pluie suffisante; au-delà de cette proportion, l'eau croupirait et ferait plus de mal que de bien. C'est la surface du terrain qui doit être maintenue humide : cette condition suffit pour que la fraîcheur inférieure du sol ne s'évapore pas. Or, 2 pouces constituent une pluie convenable, 3 pouces une pluie abondante; c'est à ce dernier terme que nous fixerons, pour nos climats, la quantité moyenne à donner à chaque irrigation. Tout calcul qui s'éloignerait de cette donnée prouverait, ou que les terrains sont mal disposés, ou que l'immersion a été faite avec un cours d'eau trop faible. En effet, quand les quantités arrivent successivement, elles sont absorbées par les couches inférieures; elles ne peu-

vent s'étendre à la surface ; si le terrain est très-
perméable , elles s'engloutissent ; mais quand
l'irruption est soudaine , alors la surface est
rapidement immergée. Ainsi, accorder 3 pouces
environ, c'est être dans le vrai, c'est 1,000 mètres cubes par hectare. Dépasser ce terme, c'est
preuve que le courant employé ne serait point
proportionné à l'étendue de la terre et à sa nature. Ainsi tout le talent de l'arroser est de jeter
subitement, et en grande masse, l'eau destinée
à compléter l'irrigation. Un cours d'eau moitié
d'un autre n'arrosera pas, dans un temps donné,
la moitié d'un même terrain , mais le quart seulement , et moins encore là où les cours naturels
sont insuffisants, là où l'on emprunte à de faibles machines les secours de l'irrigation , des
bassins doivent recevoir la masse du liquide et
la distribuer instantanément à la terre.

D'après ces calculs, c'est 200,000,000 de mètres cubes d'eau que nous avons à demander à
ce point du Rhône, à raison de 1,000 mètres
par hectare, à chaque arrosage , de dix arrosages par an , et de 20,000 hectares de terre.
En Italie , la valeur de l'eau nécessaire à l'irrigation d'un hectare est de 40 à 50 fr. à la sortie
des canaux , et cela malgré la concurrence d'un
système étendu ; la valeur de l'eau de notre canal s'élèverait donc annuellement à un million.

Laisser plus longtemps s'écouler cette richesse
à la mer est une incurie impardonnable.

On laboure trop en France, on a trop recours
à la force des bras ; il faut faire comprendre
qu'il est encore des moyens puissants de solliciter
et de créer la richesse , et que l'humidité et
les amendements naturels sont les auxiliaires
des bras; que les cultures sollicitent la fertilité,
mais ne la créent pas, et finissent par l'épuiser,
et que , quand les agents réparateurs n'arrivent
pas, que les proportions, qui font la fécondité,
sont rompues, on se trouve engagé dans une
carrière de misère dont il est difficile de sortir.
C'est pourquoi il convient d'avoir recours, le
plus tôt possible , à ces arrosages qui amèneront
sur le sol ces masses de détritus qui se perdent
annuellement à la mer, et de profiter du surcroît
d'aisance qui peut surgir spontanément d'une
telle opération , pour établir les prairies qui , à
leur tour, viendront déposer sur le sol le tribut
puissant des engrais. Ainsi c'est par l'irrigation,
surtout, que nous pouvons nous dégager de la
voie dangereuse où nous nous trouvons placés.

Mais quelque intéressants que soient les résultats
qu'on peut obtenir d'un canal du Rhône,
il ne peut jamais, comme nous l'avons déjà remarqué,
s'adresser qu'aux terrains bas, au littoral,
presque déjà partout d'une excessive fer-

tilité. Le grand but des irrigations doit être de
féconder, d'enrichir, de créer les sols élevés,
desséchés et pierreux, qui forment une partie
si considérable de notre pays, et qui ne peuvent
attendre de prospérité que de l'irrigation et du
colmatage; c'est donc à d'autres sources que
nous devons nous adresser.

L'Aigues a 15 lieues de cours, et ses sources
sont aussi élevées que celles du Rhône, qui en a
150. Donc une lieue de canal prise sur l'Aigues
donnera le même niveau que 10 sur le Rhône;
mais l'Aigues n'est qu'un torrent qui suffit à peine
aux vallées supérieures. Il manque au besoin;
mais aussi quelquefois son large lit roule d'effroyables masses d'eau; le torrent devient fleuve.
Nous avons vu de faibles ruisseaux pouvoir former des lacs; c'est une mer intérieure que nous
demandons à l'Aigues. Plusieurs communes,
le bois de Velage, le Plan de Dieu, les garigues
d'Orange, offrent plus de 15,000 hectares qui
implorent son secours. C'est 150,000,000 de mètres cubes d'eau dont il faudrait pouvoir disposer,
en supposant que le cours ordinaire et les pluies
courantes de l'année pussent remplir les réservoirs trois fois pendant la saison d'arrosage.
C'est un ou plusieurs bassins cubant 50,000,000
de mètres, qu'il faudra obtenir sur ce cours.

Un lac évident avait sa sortie au détroit des

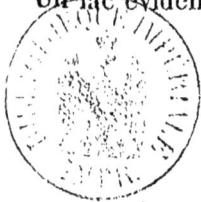

2

Piles, dans les temps antérieurs. La faux du
temps ou une déplorable spéculation ont brisé
l'écluse, et l'histoire ne nous dit point si les
consuls s'en émurent, et si Cicéron défendit les
droits de la nature outragée. Toutefois, malgré
l'avantage de cette position indiquée, ce n'est
plus là qu'on peut établir une nouvelle digue.
La vallée supérieure est cultivée. Mais de Sahune
à Saint-May le pays se resserre; sauvage et in-
culte, le profond défilé n'offre parfois que d'é-
troits passages; il a 12,000 mètres de longueur,
une largeur moyenne de 400 : une profondeur
de 5 mètres nous donnerait juste 24,000,000
de mètres. Plus haut, sur les mêmes eaux de
l'Aigues, un lac naturel s'était formé naguère
par l'éboulement d'une montagne; 72 toises
de digues le reproduiraient encore. L'affluent
de l'Oulle parcourt des vallées plus sauvages,
plus profondes, plus diguées; on y trouverait
des bassins pareils au premier. Voilà plus qu'il
n'en faut pour payer à la plaine le tribut qu'elle
attend.

Mais l'irrigation n'est pas le seul avantage
qu'on retirera de ces travaux. L'encaissement
des eaux serait un moyen de transport dans un
pays sans communication, où chaque course
est un danger. Ces réservoirs, prêts à engloutir
l'eau des orages, modéreraient les irruptions

soudaines qui menacent les pays inférieurs. La
chute perpendiculaire des cataractes atténuerait
leur impétuosité; le poisson reparaîtrait dans
ces eaux que l'intermittence a dépeuplées. Des
bords de ces lacs, humectés par l'infiltration et
l'évaporation constantes, s'élèveraient ces bois
qui arrêtent les éboulements et préviennent le
comblement des lits; enfin ces affreuses vallées,
embellies par le plus inattendu des spectacles,
se verraient peuplées de campagnes charmantes,
où, comme sur les lacs d'Italie, les citadins des
plaines viendraient braver la canicule et respi-
rer le bon air. Avec leurs capitaux et le goût de
conservation et de création, qui est le partage
de l'aisance, naîtrait la seule culture possible
dans ces pays abandonnés; les bois reparaî-
traient sur le flanc des montagnes, et ainsi com-
mencerait, sous toutes les formes, l'œuvre de
reconstruction dont nous nous faisons l'apôtre.

Mais ces travaux que je réclame pour l'agriculture, le commerce va vous les demander;
partout la navigation intérieure s'arrête, les
fleuves s'obstruent; en vain vous commenceriez
sur leurs cours les travaux d'Ixion, vos forces
sont impuissantes pour fouiller les dépôts cons-
tants qui se forment en toute saison, le jour,
la nuit, à toute heure : c'est au principe du mal
qu'il faut s'adresser, et ce mal est dans les vallées

supérieures; c'est l'invasion qu'il faut prévenir, et vous n'aurez pas à la combattre. Vous n'aurez de rivières que quand vous aurez des lacs; ce sont eux qui constituent les fleuves puissants et qui régularisent leurs cours, et la Seine, entrée dans ce système, cesserait d'être l'égout d'une province, deviendrait le plus noble ornement de la capitale, quand nos monuments nationaux viendraient se réfléchir dans le cristal de ses ondes. Ainsi le commerce et l'agriculture ont ici, comme partout, les mêmes intérêts.

C'est par l'Aigues qu'il faut commencer, parce qu'une contrée intéressante et variée se déroule à ses pieds, et qu'on obtiendrait immédiatement une foule d'expériences comparatives sur des terrains différents.

L'Ouvèze a ses rives cultivées jusqu'à sa source; mais le Toulourenc, son principal affluent, offre un défilé étroit, circonscrit par d'immenses roches à pic. Dix toises de travaux formeraient une retenue considérable. Causans, Violès, Courthézon en obtiendraient un arrosage plus régulier et plus étendu. Heureusement que, pour les pays inférieurs, la Sorgues vient à la rencontre de l'Ouvèze, et peut amener le concours de ses intarissables eaux; mais je crois qu'il conviendrait mieux de développer les travaux sur l'Aigues, et un canal d'une lieue, au-des-

sous de Cairanne, viendrait mêler les eaux des
deux rivières, et satisfaire à toutes les exigences.

Mais peut-on parler d'arrosage dans le midi
de la France, sans songer au pays qui occupe
la partie inférieure de notre bassin, à cette contrée qui fixe l'attention des agronomes, au Delta
du Rhône ? Il ne peut, comme le Delta du Nil,
revendiquer tous les avantages de sa position
que par un vaste système d'irrigation. Le sel s'y
cristallise aux rayons du soleil, et y proscrit la
végétation utile ; mais dès que l'eau douce vient
toucher ce terrain, la fécondité la plus vigoureuse ne tarde pas à se manifester ; aussi les projets n'ont pas manqué : les uns, et avec raison,
ont invoqué la machine à vapeur ; d'autres n'ont
vu que le Rhône qui coulait à leurs pieds sa masse
immense de richesse ; mais il fallait chercher des
niveaux élevés, et ces niveaux sont éloignés.
C'est dans les petites rivières qui se précipitent
plus immédiatement des montagnes, qu'on peut
trouver à portée les niveaux supérieurs, et tandis qu'il faudrait, sur le Rhône, les chercher à
Viviers, et franchir tous les obstacles d'un pays
accidenté, le Gardon, à 17 milles de la tête de
la Camargue, offre une hauteur suffisante pour
amener ses eaux sur le pays. Il faut imiter les
exemples déjà donnés, et ramasser en hiver,
dans la profondeur des vallées, ces eaux qui

doivent vivifier la canicule.

Le Gardon pourrait former trois grands bassins d'irrigation, deux supérieurs dans les vallées incultes qu'il traverse, dans la Lozère, au Gardon d'Alais et d'Anduze, et un troisième inférieur, placé comme régulateur entre les ponts de Saint-Nicolas et de Colias : la longueur de cette dernière vallée, resserrée par des roches perpendiculaires, est de plus de 12,000 mètres en ligne droite ; mais comme sa direction est très-tourmentée, que la rivière y suit une série de contours, dont plusieurs sont à angles droits, on peut porter sa longueur réelle à 20,000 mètres : en estimant sa longueur moyenne à 400 mètres, et en supposant une profondeur de 5 mètres, on aurait la masse de 40,000,000 de mètres cubes d'eau contenue dans ce seul bassin, et en supposant encore qu'il pût se remplir trois fois pendant la durée des arrosages, on disposerait, sur ce seul point, de 120,000,000 de mètres cubes d'eau ; les bassins supérieurs présenteraient ensemble facilement les mêmes résultats ; c'est donc 240,000,000 de mètres cubes d'eau dont on aurait à disposer. D'après nos calculs, on pourrait donc étendre cet arrosage à 24,000 hectares.

La Camargue a environ 50,000 mètres de longueur, sur une largeur moyenne de 15,000 ;

elle a donc 45,000 hectares de contenance, et, si l'on en retranche l'immense étang de Valcarès, les marais qui, dans leur état actuel, donnent un produit qu'il ne convient pas de modifier, on voit que la masse de liquide fixée par les retenues répondrait à tous les besoins.

Cette eau aurait une valeur vénale de plus d'un million; mais cette valeur serait triplée au profit des propriétaires, qui l'appliqueraient à leurs domaines : voilà donc trois millions de revenu que la Camargue peut demander au Gardon; voilà l'avenir promis à ceux qui oseront faire trois écluses principales, quelques diaphragmes de sûreté pour les pays inférieurs, six lieues de canaux, un pont-aquéduc sur le petit bras du Rhône.

C'est par là qu'on eût dû commencer si l'on eût songé sérieusement à élever une race de chevaux dans cette île, et y trouver ces ressources militaires qu'on y cherche depuis long-temps : c'est une nourriture abondante qui eût créé une race forte et nombreuse. On eût trouvé en Camargue ces chevaux élastiques, qui font la supériorité du cheval numide.

Je joins en faveur de mon système cette considération à celles qui vont se presser dans mon écrit; il faut des arguments pour tous les esprits, et tel qui n'oserait reconstruire l'Égypte et cher-

cher ses exemples si haut et si loin, peut vouloir,
comme l'Autriche, avoir sa Buckowine, la re-
monte de sa cavalerie, sur un espace circonscrit,
pouvoir, par cette raison, imprimer aux individus un type plus régulier et plus énergique,
et profiter d'une circonstance unique du sol et
du climat, pour faire bondir l'arabe sur nos
plages, où il peut trouver à la fois l'immensité
du désert, l'Égypte du Delta, et l'Arabie Pétrée.

En étendant les travaux sur le Gardon, et la
marge est immense dans les vallées supérieures,
Nimes, qui soupire après l'eau, déshéritée des
ouvrages des Romains, pourrait, par des constructions dignes de ses fondateurs, dignes de
cette sagesse municipale qui distingue son ad-
ministration, avoir recours aux mêmes sources;
c'est l'émeraude des eaux décantées dans les lacs
qui convient à son industrie.

Mais il est une rivière que nous ne saurions
passer sous silence sans laisser incomplet le plan
que nous nous traçons. L'Ardèche se charge,
dans son cours, des plus précieux dépôts : elle
court sur des volcans, la pierre ponce flotte sur
ses eaux, et la potasse s'y dissout; mais, à peine
sortie de son étroite enceinte de roches, elle se
précipite au Rhône, en baignant quelques îles
fertilisées de ses incomparables alluvions. Sur
son cours, le développement des bassins serait

immense ; il faut chercher l'emploi de ses eaux.
Mais elle a un grand rôle à jouer : elle peut franchir le Rhône ; un aquéduc-pont se juxta-poser
au Pont-Saint-Esprit , et mêler ses eaux, dans les
plaines de Vaucluse , à celles du Rhône et des
affluents dont nous avons décrit la puissance.
C'est du secours simultané de tant d'éléments
que nous acquerrons mieux que de l'arrosage
des alluvions variées qui créeront le plus parfait
des sols. Le sable du Rhône , les argiles calcaires
de nos Alpes dauphinoises , les débris volcani-
ques de l'Ardèche, viendront concourir à former
des miracles de végétation. Ainsi ce n'est plus
le hasard aveugle qui disposera du théâtre de
notre industrie agricole , nous appellerons sur le
sol toutes les combinaisons utiles à son exploitation ; à notre voix , léger ou fort , compacte
ou perméable , souple aux inspirations du génie,
ses formes , ses qualités , se modifieront sous sa
main. Ce n'est plus sur une vaine étendue que
nous établirons notre empire , mais sur des éléments dociles , prêts à prendre un corps et une
vie ; ce n'est plus à la sueur du front ni au cla-
quement du fouet que le sable et la marne viendront se marier sur les champs , mais au simple
courant des ruisseaux , au murmure de la cas-
cade , sous l'atmosphère rafraîchie à l'ombre
d'un feuillage plus vert , à l'aspect d'une na-

ture agrandie, d'un pays régénéré, qui viendra déposer le témoignage qu'une ère nouvelle est ouverte, que l'homme désormais s'associe à la création, qu'il n'est plus le proscrit vivant en proscrit la hache à la main, mais l'héritier légitime, et que l'heure de la rédemption a sonné.

Je ne puis ici qu'indiquer les travaux sans les décrire; tant de considérations élevées se pressent dans mon âme, en perspective d'un avenir possible, dont les résultats me dominent, que je ne trouve pas le moment de me livrer à ces considérations graphiques qui doivent les déterminer. Ce serait un grand et utile ouvrage que celui qui fixerait et décrirait les lieux, qui donnerait les nivellements, qui cuberait les bassins, montrerait les moyens de construction; pour le moment, il deviendrait fastidieux de suivre le cours de tous nos torrents, de remonter pas à pas la vallée du Rhône dans tout son développement; partout les mêmes nécessités se présentent, partout un soleil ardent darde ses rayons, partout un fleuve aérien s'élève de nos sommets, et dévore le sol, et partout la terre implore le secours des eaux. Nulle part, l'intégrité primitive du pays n'a été conservée : tous ces affluents qui s'élancent des montagnes roulent leurs ondes sous les mêmes conditions; rapides à leurs sources, leur cours se ralentit, se joint à l'ancien lit d'un lac dont on a brisé l'écluse, d'où il s'élance encore en chutes et en rapides pour arriver au confluent. C'est une loi uniforme qui régit leurs destinées : les mêmes accidents se rencontrent partout, au Roubion, à la Drôme, au Vela; il faut les étudier et les faire concourir à la reconstruction primitive; c'est là la grande tâche imposée à la civilisation moderne, si elle veut entrer dans les voies progressives du bien-être.

Pour sentir toute l'importance des travaux que nous venons d'indiquer, il faut se convaincre d'un grand principe, c'est que les produits des sols sont la source la plus sûre des richesses des nations, et que ces produits ne sont jamais plus abondants que lorsque l'humidité d'un pays est en juste proportion avec sa chaleur; en sorte qu'humidité $\times$ par chaleur $=$ végétation. Ce sont donc ces deux agents, ce sont leurs rapports exacts qui doivent guider l'agriculture rationnelle dans ses opérations, et les travaux qui précéderaient la pondération de ces forces seraient des travaux infructueux, qui n'apporteraient que des résultats imparfaits, tels que ceux pour lesquels l'énergie humaine est maintenant vainement prodiguée.

Là où la chaleur manque, la tâche devient difficile; on est jeté dans le système des abris, des couches, des serres, on devient jardinier; mais

là où l'humidité manque seule au terrain, une
carrière immense s'ouvre au cultivateur, l'eau
est là au-dessus de toutes les combinaisons :
voilà donc le grand principe, la chaleur et l'eau ;
plus ces deux éléments réunis se montrent avec
énergie, plus la proportion de leurs forces sera
exacte, et plus le règne végétal prendra de développement.

Sous les tropiques, inondées des rayons du jour
et d'effroyables pluies, les plantes se succèdent
sans interruption, et donnent le maximum des
richesses végétales ; près des pôles, ou sur les
Alpes, un gazon frêle et ras, quelques plantes
en miniature viennent marquer le dernier degré
de l'échelle. Entre ces deux extrêmes, tous les
pays rationnellement conduits doivent se ranger,
par leur ordre de richesse et de puissance, selon
leur latitude ; mais quand la proportion est rom-
pue, que l'une des conditions de prospérité vient
à manquer, c'est en vain que les bras de l'homme
sollicitent un sol condamné, la chaleur sans humidité fait le désert, l'humidité en excès fait le
marais, pays déshérités, contrées où la race humaine cherche vainement à s'établir, et où elle
lutte sans cesse contre le dénûment et la maladie.

L'Angleterre, la Belgique, le nord de la France
semblent placés dans cette position où l'équilibre
naturel s'est établi, où le climat dispense l'hu-

midité et la chaleur dans une proportion exacte.
C'est cette circonstance qui a placé ces contrées
à la tête de la civilisation moderne, civilisation
terre à terre, développement qui ne doit rien
à l'intelligence, création fortuite, où l'homme
n'est entré que par le concours de ses forces
physiques, mais qui a placé néanmoins ces pays
en avant des nations méridionales, qui n'ont
point cherché à équilibrer leurs moyens. Mais,
toutefois, une chaleur médiocre, une humidité
médiocre, n'auront développé qu'une position
médiocre, le jour où le Midi voudra revendiquer
ses avantages; car, là où la chaleur est excessive,
où des moyens sagement préparés peuvent pro-
portionner, sur une large échelle, les deux agents
principaux de la végétation, on a à prétendre à
un développement supérieur.

J'ai vu le dépit se peindre sur des faces an-
glaises en voyant nos riches prairies: l'insulaire,
dans son esprit calculateur, supputait en silence
ces brillants produits; il faisait un amer retour
sur sa septentrionale nature; il voyait d'un œil
exercé la partie de la question; il estimait la
puissance qui jaillirait un jour de cette disposi-
tion du sol et du climat.

Mais si le Nord jouit naturellement de ses avantages, si les saisons préparent pour lui toute la
somme de richesse dont il peut disposer, s'il doit

à la proportion exacte des éléments constitutifs
de la production sa supériorité actuelle, le Midi
ne peut prétendre à son entier développement
que par des travaux spéciaux que les circonstances de sa latitude rendent indispensables.
Deux d'humidité, multipliés par deux de chaleur, font bien quatre; mais quatre d'humidité,
multipliés par quatre de chaleur, font seize :
voilà le Nord, voilà le Midi, quand celui-ci aura
accompli sa tâche. Toutefois, il est vaste ce Midi;
la ligne qui le circonscrit n'est pas encore bien
tracée, elle oscille dans de larges limites, et la
Pologne languit, cette année, comme un désert
d'Afrique; le bétail s'y meurt sur des herbages
desséchés.

Un Anglais vint me consulter, un jour, sur
un domaine qu'il possédait en Cornouailles, à
l'exposition la plus chaude de l'Angleterre; il
voulait avoir des raisins. Ma réponse fut celle-ci :
Faites des abris, noircissez votre terrain et les
murs de vos terrasses, amendez avec des cailloux
de couleur foncée; mais si j'eusse pu lui dire :
vous avez un réservoir de chaleur, ouvrez une
écluse de feu qui attiédira votre climat glacé;
avec quelle joie il fût retourné dans sa patrie !
avec quel zèle il se fût mis à l'œuvre ! Et nous,
devant nos pressants besoins, sous notre ciel
d'airain, sur notre sol pétrifié, nous qui n'a-

vons qu'à nous baisser et à prendre ce que la
Providence a répandu partout, nous usons in-
dolemment de quelques filets d'eau légués par
la civilisation italienne, nous essayons niaise-
ment une charrue ou un assolement anglais,
nous nous perdons en puériles bagatelles, nous
déployons une énergie immense pour courir en
insensés dans un cercle vicieux de travaux et
d'insuffisants produits, et nous savons cependant où sont cachés les trésors, où sont les armes,
pour sortir victorieux de cette lutte d'esclaves.

En voyant les étonnants changements appor-
tés à la valeur du sol par un procédé aussi simple que l'irrigation, en voyant ce moyen, pour
ainsi dire, mis à la portée de tous, et si sot-
tement dédaigné, on est tenté de se demander
où est cette intelligence humaine dont nous
sommes si fiers, où est cette civilisation dont
nous croyons toujours avoir atteint le terme :
cette intelligence se perd en vaines combinaisons; elle n'a su ni prévoir ni préparer l'avenir;
cette civilisation est à refaire, car elle nous a été
léguée par des barbares ; elle court après des
richesses qu'un système faux ne saurait produire. Les travaux dont l'Égypte porte encore
l'empreinte, ceux dont on rencontre les traces
en Perse, et qui annoncent un vaste système
d'irrigation, nous disent qu'un grand pouvoir

s'est établi jadis sur le principe créateur que
nous invoquons ; et la ruine des cités , et la
misère des peuples qui errent dispersés sur ces
canaux comblés ou démolis , nous disent aussi
que ce principe seul avait fécondé tant de forces.
Ce principe , parti des bords des fleuves sacrés,
des jardins de la création, du culte des fontaines,
du respect druidique , des bois , que sais-je ?
de tout ce que la sagesse antique avait accumulé
d'idées conservatrices pour défendre la noblesse
du monde des attentats de la barbarie , refoulé
maintenant par la force brutale organisée , n'a
laissé que ces vestiges, qui sont la leçon des peuples , et qui, en caractères immenses , déroulent
l'avenir. Toutes les prospérités antiques , toutes
les civilisations méridionales , qui ont pris quelque consistance , reposent sur ce riche système
d'irrigation, en Égypte comme en Perse, comme
chez les Romains, qui consacrèrent tant de soins
aux travaux hydrauliques, et chez lesquels, nous
l'avons vu , leurs plus grands orateurs , leurs
hommes politiques , plaidaient pour la rosée du
ciel et l'humidité des campagnes.

C'est le souvenir de l'antiquité , c'est le moyen
âge, dépositaire de ses traditions, qui placèrent
sur notre sol ce germe que je voudrais aujour-
d'hui développer. Ce qui arrêta ses progrès ,
c'est qu'une civilisation nouvelle , s'élançant à

son tour des bords de la Baltique, toute fondée
sur la force, n'espérant rien de l'ingratitude du
sol, mais se confiant en l'énergie humaine, est
venue briser la civilisation antique, et que les
usages septentrionaux ont fini par prévaloir et
imprimer leur caractère au reste de l'Europe :
cette influence a été funeste au Midi, elle l'a
égaré dans le dédale de l'industrie moderne et
de procédés artificiels, pour le faire sortir du
système large, calme et fructueux que l'Orient
lui avait légué.

Ainsi s'expliquent la résistance et la ré-
pugnance de nos colons, pour entrer dans les
voies étrangères que les théories modernes voudraient leur ouvrir ; un vague sentiment tradi-
tionnel leur rappelle leur noblesse déchue ; ils
savent qu'ils appartiennent à une autre civilisation que celle qu'on vient leur imposer ; la fierté
du gascon n'a pas d'autre origine. On a beau
proposer à nos paysans les plus parfaits assolements, aidés des meilleurs instruments, ils savent
qu'ils peuvent avoir mieux que cela ; et quand,
dans leurs volontés jusqu'ici impuissantes, nos
gouvernants ont laissé entrevoir la possibilité
d'un canal d'irrigation, que des travaux pré-
paratoires de nivellements ont été ordonnés,
comme les sympathies populaires se sont grou-
pées autour de l'idée fécondante ! C'est que,

3

quoique la culture irriguée n'existe ici que par
échantillon, qu'il ne soit encore employé que
de faibles moyens, il y en a assez pour voir la
supériorité de ce système sur tout autre. C'est
par lui qu'on obtient la fraîcheur constante et
proportionnée à chaque climat, les engrais sans
soins, les combinaisons de terrains sans frais,
les produits sans travaux, l'entretien et la net-
teté du sol sans instruments, la richesse et le
repos, la vie matérielle et la vie intelligente,
s'élançant de la même source, et venant prendre les justes proportions qu'elles doivent avoir
dans tout corps social bien ordonné.

Il n'est aucune culture qui ne retire avantage
de l'irrigation; toutes, à des degrés différents,
en réclament le concours. Les arbres arrosés
prennent un développement rapide; c'est sur
les frais terrains de nos îles du Rhône, c'est sur
les rives de la Durance, c'est au fond des vallons
des Cévennes et sur les bords des ruisseaux, que
le mûrier prend ces dimensions prodigieuses qui
peuvent élever sa récolte à 15 et 20 quintaux de
feuilles. Les arbres n'endurent pas, dans cette
position, cette insumption de suc qui, à la canicule, arrête leur végétation, et les jette dans la
langueur; leurs progrès sont d'autant plus rapides, qu'une humidité constante vient se com-
biner à une chaleur plus excessive.

Mais c'est sur la culture des prairies que se
manifestent les forces relatives des climats; c'est
dans leur exploitation que le Midi peut revendiquer tous ses avantages. Le grain, au Midi
comme au Nord, mûrit sous certaines conditions
de chaleur, qui, une fois accomplies, amènent
la maturité, un peu plus tôt, un peu plus tard,
selon la latitude, ce qui n'apporte pas grande
différence dans le produit réel. Mais dans une
végétation incessante, comme celle des prairies,
l'herbe pousse tant que la chaleur dure et que
l'humidité l'accompagne. On obtient ainsi un
nombre de coupes proportionné au climat, qui
détermine exactement la puissance de chaque
contrée. Ces avantages sont les résultats de l'irrigation, qui vient équilibrer ces facultés, quand
une humidité régulière, aménagée par l'intelligence de l'homme, vient sans cesse joindre ses
effets à ceux de la chaleur. Les saisons peuvent
être irrégulières et intempestives, même sous
les climats les mieux pondérés; mais les réservoirs de fertilité, remis aux mains savantes
de l'homme, proportionneront les secours aux
besoins. Chez nous, l'élément régulier est la
chaleur, les époques fixes de toutes nos récoltes
en font foi, il échappe à notre puissance; l'élément irrégulier est la pluie, qui varie comme
de 1 à 3; mais c'est à cet élément incertain que

nous pouvons substituer la certitude de notre
action.

Je crois n'avoir point laissé de doutes sur les
effets de l'arrosage ; il triple, il décuple, il cen-
tuple nos moyens, selon les circonstances :
l'étendre à toute la surface de nos plaines, de
nos vallons, de nos plateaux élevés, c'est amener sur le pays une abondance jusqu'alors incon-
nue ; c'est changer radicalement la base de notre
existence, la nature de nos travaux, nos rapports
sociaux. Cherchons à soulever le voile qui couvre
cet avenir, osons sonder la profondeur du pro-
blème et démontrer que là seulement résident
ces biens qu'on cherche par d'autres voies, l'égalité, la liberté, la paix et la rédemption de la
matière.

Considérez comme croissent les lis des champs ;
ils ne travaillent point, ils ne filent point,
et cependant je vous déclare que Salomon,
dans toute sa gloire, n'a jamais été vêtu
comme eux. (St. Matth., ch. VI, v. 28.)

Mon frère possède, à Orange, 10 hectares de
prairies, qui rendent annuellement 5,000 fr.;
il possède, dans une autre partie du même territoire, 20 hectares, qui s'afferment 1,000 fr.
Le rapport du produit de l'hectare, dans ces
deux circonstances, est de 10 à 1. C'est le terrain

de la même plaine, le mode de culture et l'arrosage en changent seuls la valeur : un homme
et son cheval suffisent et au-delà à l'exploitation
de la première propriété ; deux ou trois hommes,
quatre chevaux, toutes les forces d'un ménage
rustique, sont employés à l'exploitation de la
seconde. Il résulte donc ici de l'arrosage une
immense abondance relative, soit par rapport
au terrain, soit par rapport aux hommes employés. Ainsi, la première conséquence de l'é-
quilibre des éléments producteurs, les premiers
résultats de l'arrosage, sont l'abondance des
produits.

Qu'avons-nous vu quand un produit industriel
ou agricole a été rare ? nous avons vu les con-
sommateurs tendre la main pour l'obtenir, et le
producteur ne l'accorder qu'au titre le plus oné-
reux possible. Qu'avons-nous vu quand un produit a été abondant ? le producteur esclave, pres-
sé de réaliser, recevoir la loi du consommateur.
Ainsi l'abondance détruit la suprématie de la
propriété ; le roi devient esclave. Demandez aujourd'hui au producteur de vin, en Languedoc,
quel est le maître de lui ou du soldat qui, pour
ses 5 centimes, boit le vin, non au cabaret,
mais sous les portiques, dans les salles du propriétaire ; et que de grandes ombres se révolte-
raient, si elles étaient témoins du changement.

radical que l'abondance d'un produit seulement
a jeté dans la société !

M. *Syriès de Mayrinhac* annonçait, un jour,
à la Société d'agriculture de Paris, que la France
produisait trop, et avait raison dans son hypo-
thèse aristocratique. Un maire de la restauration
me disait : Une année d'abondance, mon cher
monsieur, voilà une mauvaise année : le paysan
ne manquera de rien, il sera insolent, il se croira
autant que nous ; tout mon principe était développé dans ces paroles. Au bout du compte,
la vie et le vêtement sont les besoins indispensables de l'homme ; quand il craint de manquer
de ces nécessités impérieuses, il se soumet à tout
pour les obtenir.

Mais produire les biens en telle abondance
qu'aucun ne voie la possibilité d'en manquer,
c'est détruire une des causes les plus puissantes
de servitude, et si cette abondance n'établit pas
complètement l'égalité, elle élève tellement l'é-
chelle sociale, qu'on peut, sans dégradation,
se trouver aux premiers degrés. Il faut bien,
d'ailleurs, qu'il reste quelques vanités. C'est la
vanité qui va à la rencontre du bien-être, c'est
la vanité qui fait l'avant-garde du confortable,
qui taille nos habits, qui suspend nos voitures,
qui orne nos demeures ; elle crée ces commodi-
tés qui ne tardent pas à devenir vulgaires, et puis

l'armée rejoint l'avant-garde, et les tirailleurs
rentrent dans les rangs. Mais ces vanités mêmes
sont des symptômes de misère qui disparaissent
devant l'abondance ; ce sont partout les priva-
tions qui donnent les désirs insensés. Qui est-ce
qui, chez nous, tire vanité de boire le plus géné-
reux vin du monde ? Cette vanité est laissée au
montagnard qui s'en enivre, parce que son sol
n'en produit pas, et qu'un grand prix est attaché
à cette consommation. Produire en profusion
tous les objets de consommation, c'est rendre
de plus en plus les distinctions qui se fondent
sur la vanité impossibles ou puériles.

Nous ne ferons pas comme les Hollandais, qui,
aux Moluques, détruisaient l'excédant de leurs
récoltes d'épiceries pour ne pas en avilir le prix
et conserver ainsi la position stationnaire ; nous
ne redoutons pas l'abondance, mais nous cher-
cherons le procédé qui la fixe, qui l'étende à tous
les produits : elle cessera d'être un cas fortuit,
elle se développera non accidentellement, dans
telle ou telle circonstance, mais toujours ; mais
sur la généralité des objets de consommation,
nous l'obtiendrons par la meilleure et plus juste
combinaison des forces naturelles. Ce que la
simple force de l'homme et des animaux n'a pu
produire, la puissance des machines d'un côté,
et de l'autre l'emploi intelligent des ressources

du monde, le produiront à coup sûr.

Hé quoi ! un peu de mucilage et de fécule, quelques muscles d'animaux, quelques dépouilles de plantes, suffisent à la nourriture et au vêtement de l'homme : on peut créer, par un simple moyen, ces substances en tas, en montagnes, et vous demanderiez toute une vie pour en arracher un lambeau ? et toutes ces nobles facultés, déposées dans notre sein comme un témoignage de la grandeur et de l'intelligence de Dieu, se résoudraient, dans nos associations, à quelques transformations de matières ?....

Ce n'est, toutefois, que dans les pays méridionaux, où se développe plus complètement l'abondance, que le sentiment d'égalité peut prendre plus de force : la féodalité y avorta complètement, et c'est dans l'Italie du moyen âge qu'on a vu les démocraties modernes. Mais le Nord, luttant sans cesse contre un univers sauvage, a dû régulariser ses forces; car, pour lui, la paix c'est encore la guerre contre un sol ingrat; or, régulariser les forces de l'homme, c'est créer les supériorités : on a appelé cela de la dignité. Il a fallu un nom pour couvrir tant de misères, pour déguiser cette impuissance de faire participer chacun aux dons d'une nature généreuse; et le Nord, qui peut quelquefois aussi revendiquer des libertés, parce que le Nord a

les loisirs des longs mois d'hiver pour méditer
et formuler ses pensées , restera toujours sous
l'empire des castes, parce que l'abondance indé-
finie y est une impossibilité ; mais tout système
aristocratique , basé sur la possession , ne peut
nous être imposé, nous ne saurions même le
comprendre. Que peuvent être pour nous les illustrations? Que nous importe que, sur la steppe
ignorée , tel ou tel soit à la tête d'un plus nombreux troupeau, et que quelques bipèdes affamés
se soient serrés sous son bâton pastoral? Pour
nous , il n'est point d'illustration , si elle ne se
lie à un progrès social , et pour de tels progrès
il faut une nation : c'est du concours de tant
d'individus que jaillit quelquefois une pensée
féconde , et de là sort aussi la gloire , qui est la
louange des peuples libres. Les suffrages d'Athènes valent l'adoration du monde !.... *Olivier de
Serres* plantant le mûrier et écrivant son théâtre , *Riquet* unissant les mers , *Franklin* brisant
la foudre aux mains de Jupiter, *Boissy-d'Anglas*
enseignant le nouveau courage qui doit devenir
celui des Français : voilà nos illustrations affran-
chies du sabre et qui traverseront les siècles !

Mais peut-on s'occuper de ces hautes questions
de politique et d'économie sociale , sans jeter un
regard involontaire sur l'organisation de la population corse? Elle est là comme un monument

antique qui jalonne la marche du temps. Tout
est changé autour d'elle ; elle est restée stationnaire sous une condition de nourriture. Le peuple mange des châtaignes, c'est-à-dire que sa
nourriture est basée sur le fruit d'un arbre qui
ne veut être ni planté ni cultivé. L'habitant parcourt les bois en automne, et ramasse ce qu'il
lui faut pour lui, son cheval, son chien, et voilà
son œuvre accomplie : il peut se reposer le reste
de l'année, ou plutôt se livrer aux mâles plaisirs
de la chasse, dans ce même bois où il a trouvé
sa nourriture végétale ; s'occuper de ses factions
de village, de ses fêtes, de son culte ; tout revêt
en lui ce caractère d'indépendance et d'égalité
qu'accordent les loisirs et l'existence assurée :
il est gentilhomme ; il l'est de manière, d'air,
de générosité, d'honneur, de foi ; l'abondance
a fait tous les frais de ce système.

Maintenant, supposez qu'au lieu de cette abondance d'un produit grossier, tous les objets de
consommation qui font notre envie fussent aussi
aisés à recueillir que la châtaigne de Corse ; que
nos arrosages jetassent en profusion sur notre
sol, non des marrons, mais du pain, mais de la
viande, des fruits, la soie, les laines précieuses ;
que les forêts végétassent sur les sols ingrats,
indignes de notre culture, se remplissent de gibier, nos lacs de poissons : eh bien ! la table serait

abondante, les vêtements somptueux, les plaisirs vifs et variés, toutes les habitudes de l'âme et du corps se façonneraient à ce mode élégant; ce ne seraient plus l'indépendance farouche, les loisirs ignorants, les querelles locales, mais l'égalité largement répartie, la liberté éclairée, l'ordre compris, enfin toute la distance du germe à l'arbre développé.

Mais, me dira-t-on, voyez le Milanais : quelle terre mieux arrosée ! quel pays mieux initié dans votre système ! Une irrigation magnifique et constante y abreuve les plus riches prairies de l'Europe : une faulx, un râteau, un charriot, voilà tous les instruments; fumer, faucher et recueillir, voilà toutes les opérations; et ce pays est, sans doute, le plus riche de sa latitude, car ici 60 lieues d'étendue arrosées assurent la vie presque sans travaux et régularisent les revenus. Quelle est la ville où, comme à Milan, trois mille voitures peuvent parader, le dimanche, sur les promenades publiques, et où le luxe de New-Market se renouvelle chaque jour? Eh bien! la Lombardie n'a-t-elle pas ses haillons ?

Je ne répondrai qu'un mot : la terre est substituée, la masse de la nation est mise hors du droit commun; tout ce qui a conservé ses droits y jouit d'une plénitude d'existence qu'on aurait peine à retrouver ailleurs. Une loi barbare, une

loi de conquête, telle qu'on la dicte quand on
tient le pied sur la tête, oppose un mur d'airain
aux conséquences du meilleur principe.

Ces chevaux, qui brûlent le pavé, sont nés
dans le riche comté de Kent ; le cocher est Alle-
mand, l'eyduque Esclavon, le jockei Anglais et
le coureur Basque : et l'Italien n'a point de place
ici, à peine a-t-il le droit de manger à la porte
les restes de l'étranger ; il est prêtre ou cicérone ;
ou pis encore, où, tout à la fois, un principe
méconnu jette une nation dans l'opprobre.

Mais un principe vrai, comme celui sur lequel
nous fondons ici notre avenir, défend la société
tout entière ; il empêche que jamais l'équilibre
ne soit rompu : ainsi l'indépendance, que la propriété générale a donnée aux paysans de Vaucluse, ne leur permettra pas cependant d'être
seuls régulateurs du marché ; mon écrit sur les
machines leur a révélé le secret de leurs forces ;
ils n'ont point eu recours à l'émeute pour fixer
leurs tarifs, ils ont serré leurs rangs et pris avantage de leur position ; ils ont obtenu un prix élevé
de leur journée par la seule force d'inertie.
C'est que les écrits tracés en présence des faits
ne peuvent passer sans retentissement ; ils s'a-
dressent bien à une réalité ; la force croissante
des travailleurs possédants est envahissante chez
nous. Quel remède opposer à cette propension

de la main-d'œuvre ? Sera-ce la force brutale
des lois d'exception ? Invoquerez-vous l'action
féodale ? vous retrancherez-vous derrière les
majorats, et proscrirez-vous ainsi la libre appropriation du sol ? Est-ce sur de tels crimes
sociaux que vous établirez votre défense ? Non,
c'est sur l'invocation des forces de la nature,
sur leur combinaison intelligente ; il faut les
appeler dans la concurrence, il faut les mettre
aux prises avec la force musculaire, et l'intelligence viendra, à son tour, régulariser le marché. C'est l'eau qui deviendra l'arbitre de la
question. C'est en triplant, en décuplant, en
centuplant, comme à Sorgues, la valeur du sol ;
c'est en récoltant dix au lieu d'un ; c'est en se
reposant sur les prairies, un simple râteau à la
main, c'est en se confiant à ce mode de culture,
qui produit le plus avec le moins de travaux,
qui donne le *maximum* des forces végétatives
de chaque latitude, que la grande propriété,
à son tour, repoussera les conditions onéreuses
du marché.

C'est œuvre de bon citoyen de provoquer cette
lutte des intérêts ; plus elle sera vive, et plus
nous aurons obtenu la seule défense possible des
classes possédantes et la juste garantie de tous.
La grande propriété peut ainsi licencier son
armée travaillante, sans avoir recours à la vio-

lence aristocratique et barbare des seigneurs
écossais, et les travailleurs, possesseurs de terrains, peuvent augmenter leur aisance en con-
centrant leurs travaux dans les limites de leurs
champs. Ainsi s'établira la division naturelle de
l'industrie agricole : tous ces produits, qui demandent les détails de la culture, viendront se
grouper sur la petite propriété ; et les vastes pâturages, cette garantie de l'avenir, et les bois,
régulateurs des sources et des climats, viendront,
sur la grande propriété, rétablir l'harmonie naturelle.

Je ne dois point terminer ce chapitre sans
repousser une objection : on me dira que l'abondance, en multipliant les individus dans la proportion des produits, ne fera qu'empirer notre
position.

Mon pays, il faut le dire, est entré le premier dans la voie régénératrice de l'extrême
division du sol et de la propriété générale ;
de sorte qu'à moins d'être l'enfant trouvé de
l'hôpital, tout le monde y possède. Là, on est
propriétaire avant que d'être ouvrier, et l'on
désire, avant tout, maintenir cette position à
ses enfants. Avec un accroissement de richesse
remarquable, la population du pays reste presque stationnaire ; les familles y sont peu nombreuses, les mariages tardifs, et presque tou-

jours, chez nos paysans, la femme plus âgée
que l'homme. La contrainte morale, invoquée
par *Malthus*, a ici son application; s'il y a des
exceptions, c'est presque toujours chez des misérables qui n'ont pas d'avenir à léguer. Ce sont
les peuples ennuyés et asservis qui s'amusent à
faire des enfants. Les montagnardes faméliques
du pays de Galles, les Irlandaises, les Alleman-
des, sur leur tas de pommes de terre, font pullu-
ler l'espèce humaine. Ce sont les nations désé-
héritées qui, en donnant la vie et deux bras à
l'individu, le dotent de tout ce qu'il pourra jamais obtenir dans ce monde, du salaire. C'est
le salaire hebdomadaire qui oblitère le sens mo-
ral des populations ouvrières; pour elles l'année
n'a que sept jours : c'est pour la nation agricole
seule que l'année a bien trois cent soixante-cinq
jours.

Voilà ce qui crée, d'un côté, nos dangers politiques, et, de l'autre, ce bon sens réfléchi, qui
est le palladium de nôtre existence sociale. Tout
ce qui tient à cette nation éphémère, liée aux spé-
culations à court terme, au mouvement rapide
des fortunes, toute cette classe aventureuse, qui
influe tellement par sa position dans nos capi-
tales, est menaçante pour la sécurité du pays.
On sent en sa présence le besoin d'élever la voix,
de s'adresser aux populations agricoles, de rap-

peler leur importance, de rallier leurs forces,
de leur faire comprendre qu'il n'est rien à espé-
rer d'hommes dépendants de circonstances instantanées, qu'on ne peut leur livrer un avenir
qu'ils méconnaissent, qu'ils sont borné à la série
passagère des événements de l'année, de la se-
maine, du jour; ils ne sauraient comprendre
ni défendre nos intérêts; et ce n'est pas parmi
eux que Henri IV eût choisi son Sully. L'industrie
exploite à Zurich comme à Lyon : elle fait les
orages, mais ne s'associe pas à l'intérêt national. Prenez un almanach d'adresse, et à ces
noms germains, anglais, italiens, vous verrez
que la transplantation est récente, et que rien
n'en garantit la durée. La restauration, en fixant
ses adhérents à Paris, en les rendant capitalistes,
en les détachant du sol, énerva d'un seul coup
la vigueur de son parti. Ce sont quelques paysans
du Bocage qui ont porté leurs têtes sur l'écha-
faud; citez un indemnisé qui ait ainsi payé sa
dette. Si ceux qui prétendaient reconstruire la
grande propriété eussent ainsi compris la France, qu'eût-on fait de ce milliard? on eût ouvert
quatre mille lieues de canaux d'irrigation; on
eût triplé le revenu des terres sur lesquelles
ils eussent été dirigés, formé par conséquent
de hautes positions agricoles, moins riches par
l'étendue que par la valeur du sol. Unies au cours

capricieux des ruisseaux, leur existence, hors
du mouvement des factions, eût été puissante et
durable. Il n'y avait là ni spoliation ni faveur,
mais un acte immense de bon sens et de patrio-
tisme. Créer des richesses au lieu de les déplacer,
c'est la politique rationnelle, qui, pour différer
de tout ce que nous avons vu, n'en est pas plus
mauvaise; une fois dans cette voie, le but eût été
atteint, car les travaux productifs s'alimentent
d'eux-mêmes; mais ce que je dis de ce milliard
s'applique à tout ce qui s'est perdu, à tout ce qui
se dissipe encore. Que n'eût-on pas fait de ces
forces employées à étendre nos limites, vain
avantage qui ne remplacera jamais l'intensité
des moyens et l'énergie concentrée? Que n'eût-
on pas fait avec les ressources d'une génération
telle que celle qui vient de succomber dans nos
luttes insensées, avec cinq millions d'hommes
fixés sous les drapeaux de la civilisation, et dix
milliards dissipés en fumée, et la force croissante
que les moyens eussent acquise de nos pacifiques
conquêtes, le développement de l'intelligence et
l'anoblissement de l'homme associé à la création?

4

LOISIRS, RELIGION, LIBERTÉ.

> Combien de temps une pensée,
> Vierge obscure, attend son époux ?
> Les sots la traitent d'insensée ;
> Le sage lui dit : cachez-vous.
> Mais la rencontrant loin du monde,
> Un fou qui croit au lendemain,
> L'épouse, elle devient féconde,
> Pour le bonheur du genre humain.
>
> (Béranger.)

Avignon, dans ce moment, s'alarme de l'ouverture du canal de Provence, qui viendrait partager les eaux de la Durance. Je n'entrerai point dans cette querelle locale ; on pourrait cependant dire : voyez ce que l'étiage laisse couler au Rhône, et que le nouveau canal se règle sur la quantité qui se perd ainsi pour l'agriculture. Mais Avignon dit : vous attentez à nos droits ; notre territoire ne s'arrosera plus ; il deviendra une garigue, une lande. Avignon regarde comme lande tout ce qui ne l'arrose pas ; pour Avignon, la France est une lande.

Le fanatisme avec lequel cette ville professe le culte de l'arrosage, l'exagération même de ses prétentions, l'œil jaloux dont elle envisage la question, tout annonce qu'elle a vraiment apprécié les avantages de notre système, et qu'il est devenu pour elle une condition d'existence.

N'est-ce pas à lui qu'elle doit la facile culture de
son sol, cette aisance qui se manifeste partout,
et dans les constructions, et dans ces physiono-
mies heureuses, et dans ces complexions harmo-
nisées, dans le goût des plaisirs, dans la pompe
du culte? ne se voit-elle pas à l'élégance des
vêtements, à la soie, à l'or des parures, au pas
rapide des chevaux, au luxe des équipages?
Tout cela, c'est du bonheur, et il est fondé sur
sa véritable base; il est, nous n'en doutons pas,
le fruit de l'irrigation. Mais, loin de borner le
bienfait, nous devons chercher à l'étendre : ce
n'est pas seulement la Provence qui a à revendiquer les eaux de sa seule rivière ; mais le canal
de Mérindol, déjà si habilement tracé, doit recevoir son accomplissement. Pernes et Carpentras,
et une foule de lieux, ont aussi leurs droits à
acquérir sur la Durance ; et, au lieu de livrer
le combat des lions aux bords de la source expi-
rante, qu'on aille explorer le cours de la rivière,
qu'elle entre dans notre système, et ce ne sera
plus l'étiage qui réglera les entreprises, mais la
moyenne annuelle. C'est ainsi que la Durance
est appelée à jouer un rôle immense, et qu'elle
échappe à la fausse mesure des esprits circon-
scrits.

J'allai ce printemps à Cavaillon, et là j'appris
tout ce qu'on pouvait faire de ses eaux. Les blés,

immergés pour la troisième fois, avaient atteint
la hauteur d'un homme, quand les nôtres épiaient
à deux pieds de terre. Ces blés ont fait vingt fois
la semence ; les nôtres n'ont produit que cinq,
et dans les années les plus favorables, la pluie,
pour eux, ne remplace jamais l'arrosage ; car
la pluie s'adresse aux fleurs comme aux racines,
et fait avorter les produits, circonstance qui ex-
plique cette fertilité du Delta, qui n'a jamais vu
crever un nuage. Mais Cavaillon enlève une
seconde récolte de haricots, dont la valeur égale
celle du blé. Nos terres, brûlées par le soleil,
ne peuvent produire de récoltes intercalaires :
ainsi c'est une valeur de quarante contre cinq,
qu'on peut obtenir sur les champs arrosés; ainsi,
pour obtenir la même quantité de substance ali-
mentaire, on y cultive huit fois moins de terrain.
Sur des sols toujours frais, la culture devient
un jeu, et les sept huitièmes des forces employées
pour faire le pain de la France pourraient être
dirigées ailleurs.

Voilà, d'un côté, de vastes champs ouverts
à l'industrie agricole ; voilà le système pastoral
qui peut s'établir à côté de la charrue ; et voilà
les grands loisirs, réclamés par l'humanité, ac-
cordés à la classe travaillante : ce n'est donc pas
toujours l'intensité des travaux qui donne les produits les plus élevés, et il est aisé de voir qu'il est

d'autres et plus puissants moyens d'accroître les richesses et de jouir plus paisiblement et plus généralement des bienfaits du Créateur. Que deviendrait la société humaine sous ce travail régulier qu'on voudrait lui imposer, que les économistes regardent comme la source unique des richesses, sous la division automatique du travail? une agglomération peut-être aussi active que celle d'une ruche d'abeilles , mais qui ne pourrait compter pour plus dans l'ordre de la création. C'est que l'homme n'est roi que par la pensée ; que c'est par elle qu'il s'associe au Créateur, et qu'avoir le temps de formuler cette pensée est un des droits de l'humanité. Ces richesses, invoquées par les économistes , reposent donc sur un principe immoral , qui tend à tirer le plus possible de la machine humaine même , au prix de sa dégradation. On peut déjà voir partout le fruit d'un tel système. Ceux qui ont à peine le temps de dormir prennent quelques délassements vifs et prompts ; mais les heures de la méditation n'ont point de place dans leurs vies tourmentées. Ce ne sont point les écrits des philosophes qui ont sapé la religiosité ; c'est l'industrialisme, c'est cette tyrannie qui compte les instants , qui couche les heures en compte courant.

Le christianisme , ses fêtes, ses dimanches, ont défendu , pied à pied , le terrain de l'indé-

pendance ; car le joug volontaire d'un culte est
de l'indépendance sociale ; mais ce n'est que
dans les loisirs d'une exploitation facile qu'on
peut retrouver l'esprit et les fêtes du christianisme. Un bill du Parlement reste impuissant
au milieu des clameurs de l'atelier et des besoins
impérieux de la vie ; mais soustraire les sept
huitièmes du terrain à la charrue, mais aban-
donner ces contrées infertiles, qui ne pourront
soutenir la concurrence des pays arrosés, et où
s'épuise, pour de vains résultats, l'énergie humaine, les réintégrer à la végétation naturelle
des bois; mais déshériter complètement et mettre
hors de cause ces climats ingrats où se forgent
sans cesse les fers des nations, leur rendre toute
lutte impossible, c'est recréer l'ère pastorale et
tout le repos et le bonheur qui en sont la conséquence. Tout cet édifice repose sur ce principe
si fécond en richesses et en idées morales, sur
ces deux éléments de la végétation, la chaleur et
l'eau, qu'il faut mettre en présence : toute l'action sacramentelle est là, toute la religion, toute
la politique ; l'homme n'est plus l'artisan, il est
le prêtre.

L'eau était, pour les anciens, l'image de toutes
les prospérités. C'est pour de l'eau que le peuple
de Dieu se révolte dans le désert, et Moïse y fore
le premier puits artésien. Il parle sans cesse de

la fraîcheur, des vallées, de la pluie : « Le pays
» dont vous allez prendre possession n'est pas
» comme le pays d'Égypte d'où vous êtes sortis ,
» où, quand vous aviez jeté la semence, il fallait
» ensuite l'arroser avec le pied (sans doute avec
le noria, comme font encore les esclaves sur tout
le littoral de l'Afrique), « au lieu que le pays
» dont vous allez prendre possession est un pays
» de montagnes, naturellement arrosé par l'eau
» qui tombe du ciel ; l'Éternel enverra là des
» pluies sur vos terres, dans la première et dans
» la deuxième saison , en sorte que vous ferez
» toujours des récoltes de vin , de froment et
» d'huile ; vous aurez de quoi manger et vous
» rassasier, et je ferai naître l'herbe pour votre
» bétail. »

Mais la conquête fut loin de réaliser toutes ces
espérances. Il n'en put naître que cette culture
arbustive , qui a conservé le nom de culture
chananéenne. Elle prouve que l'humidité fut
médiocre, que les longues racines des arbres
durent la puiser profondément dans les entrailles
de la terre ; les pasteurs devinrent jardiniers,
la république devint monarchie. Le législateur
n'avait point accompli toutes les promesses qui
étaient les conditions indispensables du traité :
une multitude, occupée sans cesse, devint esclave
de la domesticité , et dut résigner ses pouvoirs.

Ainsi, les institutions de Moïse durèrent tant qu'il commanda à un peuple pasteur, vaincu et dispersé. Ce même peuple recouvre la vigoureuse empreinte de son origine ; il pend sa harpe aux saules du rivage , et n'oublie pas ses chants ; mais enchaîné à la glèbe d'un sol ingrat, il méconnaît forcément les principes de son organisation primitive , il demande un roi , et rentre sous le régime de ses voisins, soumis aux mêmes nécessités. Ce n'est plus le peuple des loisirs , le peuple des cérémonies, des assemblées publiques, des holocaustes, des repas publics; il a son roi en punition ou en conséquence de son travail ; et cela est tellement vrai que , quand une partie de nation s'affranchit du travail , elle réclame son indépendance ; il s'établit en sa faveur des distinctions , des droits, des priviléges plus ou moins caractérisés en faveur des loisirs ; ces affranchissements partiels sont bientôt un obstacle à l'émancipation générale, en rendant plus intenses les efforts de la partie occupée.

Un homme qui réfléchit sur l'organisation sociale n'a donc pas besoin d'aller fouiller les codes pour concevoir l'état politique d'une population. La nature du travail et des occupations doivent toujours lui en rendre compte; car, sans loisirs, il n'est pas d'indépendance. Quand on est bien pénétré de ce principe, ce n'est qu'avec pitié

qu'on peut voir les peuples, enlacés dans les
chaînes de l'esclavage industriel, songer à la
république. La civilisation manufacturière nous
presse trop de ses flétrissantes étreintes : ne
voyons-nous pas, par elle, la dégradation physique et morale faire des pas effrayants ? Qu'on
aille aux lieux de son triomphe, aux ateliers de
nos grandes cités, à ces vastes hôpitaux où les
générations vont s'engloutir ; qu'y verra-t-on ?
un peuple condamné à un travail incessant, chez
lequel rien ne peut se développer, si ce n'est
quelquefois un muscle, un membre, un organe,
tandis que tout le reste s'atrophie et périt. Pour
être républicain, il faut être libre de fait ; il faut
être affranchi du travail journalier. Les répu-
blicains de Paris s'obtenaient à quarante sous
par jour ; c'est ainsi qu'on eut un forum. Il faut,
pour participer au gouvernement et aux mouve-
ments politiques, avoir les loisirs qui permettent
d'agir dans des vues générales. C'était une forte
aristocratie que ces citoyens d'Athènes, qui pas-
saient leur temps sur la place publique ou dans
les jardins d'Académe, et remettaient à des esclaves le soin de leurs travaux. C'était une aristocratie bien impérieuse que celle qui dominait à
Sparte sur le peuple des ilotes.

C'est donc par l'aristocratie que nous pouvons
nous élever au niveau de ces lois libérales qui

ont devancé notre civilisation. Mais notre aristocratie à nous est ouverte à tout le monde ;
quand nous recourrons à l'intelligence, nous
nous reposerons sur les forces naturelles prodi-
guées autour de nous : nos ilotes, c'est l'air ani-
mant la voile, c'est le feu vivifiant seul l'atelier,
c'est l'eau arrosant et fécondant nos champs ;
et quand ces éléments constitutifs de la production, quand ces forces, toujours agissantes,
seront partout, alors l'humanité sera reine du
monde. Mais faire de la liberté avec les esclaves
de l'argent, c'est une jacquerie, ce sont des sa-
turnales, de pitoyables mascarades ; c'est amener la brutalité dans l'arène politique, et préparer ces lendemains, où l'impitoyable nécessité
se présente avec son visage inflexible.

Ainsi, c'est une erreur profonde que celle qui
veut moraliser par le travail ; il dompte un
peuple comme la charrue dompte le coursier,
en détruisant son énergie et ses plus nobles facultés.

Et si l'on me demande quelle a été la fin de
ces républiques de trente mille citoyens, je dirai :
la fin indispensable de trente mille combattants
jetés au milieu d'un univers barbare ; ils ont
succombé sous l'effort des peuples jaloux, sous
la nature même de l'esclavage auquel ils avaient
confié leurs travaux ; ils ont été absorbés par des

éléments étrangers et nombreux qui les entou-
raient. Il n'en serait pas ainsi de trente millions
de citoyens se reposant sur les forces créatrices
du monde.

Dans les temps modernes, ce sont des peuples
placés dans des circonstances particulières de culture, qui ont pu prétendre à la liberté. Qu'est-ce
que la Hollande ? un comptoir, un peuple mar-
chand, qui a ses travailleurs aux Indes. Perd-elle
ses possessions australes, le travail augmente-t-il
sur son propre sol, Guillaume n'est plus stathou-
der, il est roi.

C'est parce que l'Angleterre a cent millions
d'esclaves répandus sur la surface du globe,
c'est parce qu'elle a soumis les mers, c'est parce
qu'elle emprunte aux machines des millions de
bras, que, malgré son organisation féodale,
elle n'est ni allemande, ni russe. Réduisez-la
à ses limites, et l'homme libre disparaîtra de son
sol. Ses richesses ont républicanisé ses allures.
Toutefois, ne sondons pas ses plaies, ne soule-
vons pas ce voile brillant qui couvre tant de
douleurs ; ne visitons pas son vaste hôpital de
Manchester, car là se retrouve encore l'ilotisme
de Sparte. Si le concours de tant de forces ne
constitue à l'Angleterre qu'une indépendance
équivoque, c'est que la conquête n'y a rien perdu
de sa violence, que le vieux Guillaume y vit

encore tout entier; c'est qu'un grand principe s'y trouve blessé, la libre appropriation du sol, sans laquelle la force relative des individus s'établit d'une manière fausse, et parce qu'un tel état perpétue au pouvoir les races vieillies, dont aucune lutte ne réveille l'énergie et l'intelligence, et que des habitudes de castes séparent toujours plus de la nation, jusqu'au jour où le divorce s'accomplit au flambeau des guerres civiles.

Si la démocratie s'établit dans quelques cantons suisses, c'est là où la culture pastorale crée à la fois l'égalité et les loisirs; elle est récente et turbulente chez les vignerons du canton de Vaud, et l'industrie de Zurich, de Bâle et de Genève, est un symptôme certain de dissolution : en Amérique, jusqu'ici, l'espace est la garantie.

Maintenant la France tente une grande et glorieuse expérience; elle veut baser sa liberté sur l'égalité générale, aspect nouveau qui n'avait point frappé les regards du monde. Réussira-t-elle? oui, si elle base l'élévation de ses citoyens sur une nature obéissante, si elle fonde leur indépendance sur la soumission des éléments, si elle dompte l'air, l'eau, le feu, et qu'elle dise : voilà mes esclaves.

Si l'abondance crée l'égalité en comblant l'abîme immense ouvert entre le producteur et le consommateur, les loisirs seuls font la liberté.

Ce bien, si vivement désiré et qui fait vibrer tant de cœurs, ne peut se savourer qu'avec toute une existence, il ne veut pas de partage ; c'est une passion forte et généreuse ; mais, comme toutes les passions, elle est exclusive et jalouse.

J'entends les enfants de l'oisiveté, ceux qui mènent ici-bas une nonchalante vie, s'alarmer sérieusement des loisirs que je réclame pour l'humanité tout entière ; ils demandent ce que feront les masses inoccupées, si un système nouveau vient les soulager du travail, quand elles ne seront plus attachées à la glèbe des champs ou aux chaînes de l'atelier ; et leurs faibles esprits s'en inquiètent. Elles feront ce que vous faites vous-mêmes. Leurs travaux seront mêlés de plaisirs ; heureuses à leur tour sur la terre, elles s'attacheront à une vie douce et à l'ordre qui la leur garantit ; elles jouiront du bonheur, du repos, du soin de la famille ; elles s'asseieront aussi au foyer domestique, et savoureront ses douceurs ; il surgira de cette masse, non quelques élans de pensées, mais un monde de conceptions, qui recevra de la multitude un type tout national. Ainsi cette époque redoutée, cette époque mal comprise, cette époque de loisirs sera la noble réhabilitation de l'espèce, le triomphe des Arts, du Forum et de l'Église.

RÉGULARITÉ DES PRODUITS, ORDRE PUBLIC.

> Son peuple sanglotte, ils cherchent du pain,
> ils ont donné ce qu'ils avaient de plus précieux
> pour de la nourriture.
>
> (JÉRÉMIE, capt.)

Les plus grands bienfaits, répartis inégale-
ment, ne font qu'apporter le trouble dans la
société; une aumône inconsidérée ruine un mal-
heureux; les plus riches produits du sol peuvent
devenir le fléau d'une contrée, s'ils sont le résul-
tat d'un cas fortuit.

En 1816 et 1817, deux récoltes immenses de
vin furent payées en Languedoc un prix extra-
ordinaire : le revenu égala la valeur du sol ;
on fit des folies qui ont été achetées par un long
repentir. La culture, si incertaine dans nos climats, des prairies artificielles, en jetant la perturbation dans les exploitations rurales, en donnant naissance à des entreprises sans portée,
soumises à l'intermittence des climats, a été une
des sources les plus constantes de la gêne des
fermiers. Mais l'arrosage, en réglant un des éléments essentiels de la végétation, règle, on peut
le dire, la société tout entière, en disposant de
l'élément le plus irrégulier qui, dans nos climats,
varie de 1 à 3 et qui, même dans son *maximum*,
est insuffisant pour la culture des prairies, pour
cette culture qui est l'échelle exacte de la force

végétative de chaque contrée. L'arrosage est le
régulateur des climats, la garantie des produits;
or, l'irrégularité est source de toutes les vicissi-
tudes; c'est elle qui donne aux possesseurs une
fausse idée de leur position réelle, qui les jette
souvent dans d'inextricables embarras; elle
amène les variations d'entreprises, qui rendent
aussi l'existence du travailleur incertaine; elle
crée ainsi le désappointement du maître et de
l'ouvrier, qui sont le prélude des commotions
politiques.

Joseph profite de sept années de disette pour
fonder le pouvoir absolu sur la ruine des Égyptiens; il crée ses greniers d'abondance et
échange ensuite son blé contre leur liberté. Il
obtient, la première année de pénurie, leur
argent, puis leur bétail, puis leurs terres, enfin
leur propre individualité. Ainsi s'établit, sur la
base d'une longue calamité, la tyrannie d'un
gouvernement; tout se trouve aliéné après cette
funeste période; le passage de l'abondance au
dénuement change radicalement l'état politique
d'une nation, mais aussi 1789 et les désastres
de son hiver précédèrent la révolution française,
l'hiver de 1830 prépare le peuple des campagnes
à une commotion politique; 1709 avait ébranlé
la puissance de Louis XIV, et ce sont des misères
sollicitées aux glaces du pôle, qui viennent dis-

soudre les forces progressives de l'empire. C'est que les hivers rigoureux préparent la famine, que ses malheurs sont les plus affreux qui puissent atteindre un peuple, et que les malheurs font désirer les changements. Mais, avec les ressources étendues de notre commerce, les maux ne peuvent être que passagers : ils exaspèrent les populations sans les abattre ; et s'il fallait sept ans aux Égyptiens pour perdre leur liberté, trois jours renversent une dynastie. Ainsi, c'est le pouvoir, aujourd'hui, qui est le plus intéressé à régulariser l'état de la nation, à entrer dans les voies d'ordre que je lui trace. En vain il inscrirait sur ses bannières *ordre public*, s'il ne s'emparait du perturbateur de cet ordre, de cet élément incertain et fugitif, mais indispensable à la production ; le répartir également, faire que chaque année se ressemble, c'est devenir le dispensateur des biens, la providence des nations ; c'est agrandir l'œuvre et l'influence du pouvoir, et réveiller, en sa faveur, ces sympathies qui sont une condition de durée.

Le Haut-Dauphiné est tellement détruit par la disparition des bois, qu'un fonctionnaire de ma connaissance, résidant à Barcelonnette, passait les soirées d'un long hiver dans une étable à vache, à faire sa partie avec le sous-préfet et le procureur du Roi : ils trouvaient là une chaleur naturelle, la seule possible d'obtenir dans ce pays dépouillé. Et c'est au milieu de nos Alpes que se passent de telles scènes! Ainsi, un acte d'imprévoyance amène la barbarie dans toutes les habitudes; mais, attendez encore, et ces tristes douceurs seront même ravies, et l'homme, qui se trouve être alors une créature si ridicule, ne pourra plus se chauffer à l'haleine du bétail ni à la fermentation putride de ses déjections. L'érosion des montagnes proscrira ces restes de végétation qui alimentent les animaux, et la population humaine, expulsée, descendra le cours des eaux pour mendier aux lieux où le sol natal aura été transporté; mais la dégradation sera successive; elle est commencée partout, de vallées en vallées, de bassins en bassins; elle finira par chasser du sol entier ces tristes bipèdes qui n'ont pas compris les lois de leur existence. Où est le remède à tant de maux? Il est dans l'arrosage, dans les retenues, dans les attérissements; c'est du bord de nos lacs que s'élancera la végétation des bois : elle gagnera pied à pied le terrain, et pourra s'élever sur le flanc des montagnes; sinon, attendez les siècles, les centaines de siècles, et, dans l'absence de l'homme, la mousse s'élèvera sur le lichén, les saxifrages sur la mousse; puis l'arbuste, puis l'arbrisseau, puis le chêne.

Dans un voyage que je fis dans ces contrées
désolées, je m'arrêtai dans un petit village situé
au revers septentrional de la montagne d'Angel :
la maison de mon hôte était vaste et solidement
construite ; la charpente était de très-bon bois,
cependant pas un arbre n'avait frappé mes regards, et tout transport lointain me paraissait
impossible, par les sentiers de chèvres que j'avais
parcourus. J'interrogeai mon homme ; il me dit
que les larges flancs de leurs montagnes étaient,
dans sa jeunesse, couverts des plus beaux sapins.
C'est avec eux qu'on avait construit sa maison ;
maintenant les habitants font des voûtes, ils ne
peuvent étendre leurs constructions, et quand
le menu bois manquera, même à la chaux, ils
creuseront le rocher, ils deviendront Troglo-
dytes, ils auront descendu toute l'échelle de la
civilisation. Ils ont eu, en revanche, du blé
quelques années, sur les pentes de leurs montagnes ; et puis la terre a été entraînée à la rivière, et la rivière a joint le Rhône, et le Rhône
la mer. Quelle ressource reste-t-il alors pour la
conservation du monde ? les grands assolements
de la nature, ces cataclysmes qui jettent les sommets aux abîmes, et les abîmes aux sommets.

Les nouveaux champs conquis ont disparu,
les anciens se ravinent de toutes parts, privés de
la protection séculaire des bois qui les avaient

garantis jusqu'alors. On ne retrouve plus ces sangliers, ces lièvres nombreux, ces bartavelles, qui venaient changer les repas en fêtes, et dont la poursuite avait été le plaisir des rois. Les champs déchirés ne donnent plus les récoltes accoutumées. On a eu recours à la pomme de terre, et cette culture unique aura bientôt remplacé le gibier, la viande et le pain. Le pain, qu'on a poursuivi sous toutes les formes, ne sera pas même accordé; la population, resserrée dans un territoire qui fuit à la mer, a recours à la pomme de terre, qui présente quatre fois plus de ressources alimentaires que le blé, sur la même étendue. Quelle ressource!... la ressource des Irlandais, des Prussiens, de tous les esclaves.

Nous venons de voir nos Dauphinois manger d'abord du gibier; pressés par le désir d'envahissement, défricher les bois et étendre leurs champs de blé; puis nous avons vu leur marche rétrograde devant la dévastation des eaux, la perte des champs acquis, la destruction des champs héréditaires, l'introduction forcée de la pomme de terre. Cet art de destruction fut regardé, dans le temps, comme une grande liberté conquise; mais les fruits sont ceux de toute liberté remise aux mains de la sottise : elle produit un état que la tyrannie oserait à peine imposer.

Maintenant , comment peut-on sauver ce
pays ?..... Supposons un lac sur la rivière , à la
partie supérieure de la vallée ; que les prairies
poussent sous son influence , que les arbres
croissent sur ses rives : eh bien ! le lac régula-
rise le torrent, les sols encore existants, me-
nacés de destruction, sont sauvés ; les arbres
arrêtent les éboulements , le lit de la rivière ne
s'exhausse plus , on ne craint plus qu'il prenne
un niveau supérieur aux terres. Les prairies
arrosées nourrissent du bétail , en attendant
que le gibier suive la progression des bois qui
s'étendent de proche en proche ; le poisson re-
paraît dans les eaux plus tranquilles du lac et
de la rivière ; les blés succèdent, par intervalles,
aux prairies , et prennent ce développement
qui assure le pain avec huit fois moins de travaux que par la culture classique. L'aisance est
dans le village , sous l'économie de l'espace et
du temps. Une usine s'établit à la chute régulière
des eaux , et l'industrie, telle que nous la con-
cevons, n'empruntant rien aux bras, vient cou-
ronner l'édifice de notre régénération. Voilà la
viande , le gibier , le poisson , le pain et même
la pomme de terre, qui couvrent la table cham-
pêtre , voilà les joies du dimanche , les coups
de fusil de la forêt , les filets de la pêche , la vie,
le mouvement, l'aisance, le bonheur, la dignité,

le repos..... L'histoire de *Bouvière* serait alors l'exemple du monde.

Mais qui commencera ces travaux? seront-ce des paysans découragés? Sont-ce de faibles associations qui reconstruiront la nature primitive? Il faut qu'un premier lac élève ses eaux, qu'il soit entrepris comme une œuvre nationale et philosophique, avec toutes les conditions du succès. Il faut que l'exemple soit donné par ceux qui peuvent; et les succès du premier feront naître le second, et la progression s'établira, et les intérêts éclairés se réveilleront; le département, la ville, les sociétés, les individus, entreront successivement dans la voie améliorante. Prenez-y garde, hommes du pouvoir, c'est un champ de gloire que je vous ouvre; il y a là la conquête du monde.

Le Nord ne comprend pas l'arrosage; ses sources sont au ciel, sa nature est glacée; un équilibre mesquin s'est établi sur son univers avorté. Pour concevoir nos conquêtes, il faut connaître ce soleil qui tombe d'à-plomb, il faut avoir habité sous ses rayons, il faut avoir foulé une terre de feu, brisé l'herbe desséchée sous ses pieds, et avoir vu succéder à la canicule ces pluies méridionales qui viennent déchirer la terre.

Quel sera le rédempteur qui marchera à ces

glorieuses conquêtes ? L'héritier des Pharaons,
le maître de la terre-modèle des irrigations,
accomplira-t-il sa tâche civilisatrice ? donne-
ra-t-il ses leçons au monde ? mettra-t-il partout
en présence ces deux éléments de la vie, qui
se rencontrent chez lui avec tant d'énergie ?
Sera-ce aux mystères de l'Égypte que nous irons
nous initier ?

Mais il est une nation dont le rôle est de se-
couer l'univers ; elle l'a parcouru dans tous les
sens. Quand elle pose les armes, elle ne fait pas
un mouvement, elle ne pousse pas un cri qui
ne retentisse à ses extrémités ; et les peuples
se disent : que fait-elle ?..... C'est d'elle seule
que peut partir l'impulsion ; il faut de grandes
entreprises aux descendants de ces Gaulois qui
couvrirent la terre de leurs armes, dont l'histoire est un long duel avec le monde, à qui il faut
de la gloire à tout prix. Qu'ils sentent que cette
gloire des champs de bataille est devenue vul-
gaire, qu'ils l'ont enseignée en tout lieu ; et
quand une population entière, une population
comme la nôtre, aura mis son orgueil dans ces
travaux d'ordre et de régénération, qu'elle aura
compris cette grande architecture naturelle qui
doit ramener le monde à sa construction primitive ; quand elle aura attaché son nom à cette
œuvre immense, comme les nations viendront

se grouper autour de ces monuments d'intelligence! La feuille légère des codes peut être
livrée aux vents; mais l'œuvre solide de la régénération, fondée sur le roc des montagnes, par-
lera à tous les yeux, excitera les sympathies
populaires, et le culte sacré des fontaines peut,
sans provoquer les sarcasmes, être renouvelé
des Grecs.

C'est alors que la France pourra suivre cette
propagande dont on s'est occupé trop tôt; la
conquête d'Alger ne se fera plus avec trente mille
hommes et les misères d'une nation appauvrie,
mais avec tous les moyens d'une civilisation
vigoureuse. La barbarie sera refoulée dans le
désert, et quand les lacs seront dans l'Atlas,
quand ces régulateurs indispensables auront
changé les torrents en canaux, qu'ils viendront
mesurer l'eau à la plage brûlante, quand le sol
africain recevra cette juste proportion d'humidité et de chaleur, quels résultats ne doit-on pas
attendre des sources des montagnes mariées aux
feux du tropique? Mais jusqu'alors, qu'aurions-
nous à apporter aux populations orientales, à
ceux qui sont pasteurs de troupeaux et non grat-
teurs de terre, à ceux qui montent les meilleurs
chevaux du monde, et chez qui les Romains al-
laient chercher la pourpre de leurs empereurs?
changeront-ils le noble turban pour le feutre,

ou les tissus de l'Inde pour notre frac boutonné ?

Nous sommes loin encore de pouvoir donner des leçons aux autres ; nous avons partout à apprendre, soit que de nos Alpes dépouillées nous nous enfoncions dans les forêts de la Suisse et de la Savoie, soit que nous entrions en Belgique, ou que nous franchissions le détroit, nous n'avons pour nous, nous n'avons pour modèles que quelques lambeaux arrachés par la violence à nos voisins, l'Alsace, la Flandre, le Comtat, et la culture de nos vignes. Tout le reste porte l'empreinte de notre esprit destructeur, et ce n'est pas sous de tels auspices qu'on acquiert les sympathies du monde.

En jetant les regards sur la France, il est aisé de voir qu'une grande destruction a été consommée. L'habitude presque exclusive du pain en a été le principe ; nos travaux inconsidérés, notre sobriété, tout ce que nous regardons comme les vertus caractéristiques de notre nation, n'a abouti qu'à la dégradation du sol. La culture du blé s'est élancée aux montagnes ; un instinct de conservation arrêta un moment ; on hésita à porter la hache sur les forêts séculaires ; mais ce pouvoir aveugle, qui posait des bornes à Paris, n'en mit point aux dévastations. C'est avec une rapidité effroyable qu'elles s'accomplirent de Louis XV jusqu'à nos jours ;

chacune de nos perturbations politiques vint
redoubler l'attentat, et la hache des faisceaux
populaires se joignit aux dissipations des cours.

J'ai vu le Buis, ville romaine, qui jusqu'alors
avait existé avec sécurité aux bords de l'Ouvèze,
être obligé de se couvrir d'une digue énorme
qui date de cette époque de dévastation. Dès ce
moment fatal, les rivières sont changées en torrents; les eaux des plus fortes pluies s'écoulent
en vingt-quatre heures, et laissent un lit qui, par
son immensité, atteste l'intermittence des courants. Tous ces ponts romains d'une seule arche
ne sont plus en proportion avec de telles crues,
et témoignent du changement radical qui s'est
opéré depuis leur construction. C'est qu'on a
précipité nos trésors à la mer, pour qu'après
avoir ajouté du pain à du pain, le ciel se dessèche,
le sol se pétrifie, et que le désert, mais le désert
affreux, sans eau, sans arbres, sans animaux,
brûlant et silencieux, succède à cette nature
équilibrée, telle que le Créateur l'avait faite; et
cet avilissement de la nature, ces forêts abattues,
ces herbages déchirés par le fer, on appelle cela
du travail? on donne le nom de vertu à cette
diabolique activité? Mais ce travail a désorganisé
la création; les racines de ces arbres soulevaient
le sol, elles l'ouvraient à l'infiltration, elles
fixaient l'humidité dans le terrain, et étaient

comme autant de digues qui s'opposaient à la
fuite trop rapide des eaux. Le feuillage arrêtait
cette évaporation instantanée qui dessèche nos
montagnes ; l'ombrage des arbres, toujours verts,
fixait, et pour long-temps, ces neiges qui rendent
à la terre plus qu'elles n'ont reçu du ciel ; car
elles forment, à sa surface, ces vastes réfrigé-
rants où viennent se condenser l'humidité de l'air
et les vapeurs souterraines. Ainsi s'établissaient
sur le sol, et par tous les moyens, les trésors
de la végétation ; ainsi s'alimentaient les sources
qui venaient vivifier l'été.

Mais un autre attentat avait précédé le dé-
boisement des montagnes et commencé la dé-
molition du monde. Soit qu'on eut l'espoir de
conquérir une vallée sur l'empire des eaux, soit
que le monde ait aussi sa décrépitude, qui s'annonce à ces tristes symptômes, les digues naturelles, qui arrêtaient l'impétuosité des torrents,
et l'atténuaient en cataractes, avaient disparu.
Les lacs naturels, qui fixaient les eaux et les
faisaient déposer, qui préparaient lentement de
fertiles contrées, régularisaient et harmonisaient
les courants jusqu'à la mer, avaient cessé d'exis-
ter. Partout les ruptures se rencontrent ; nous
voyons sur les cartes romaines des lacs qui
n'existent plus ; sur l'Ouvèze, au-dessus du Buis,
le marteau destructeur a laissé sa trace sur le ro-

cher. Il n'est pas un de nos affluents qui n'ait son resserrement, ses piles où la main de l'homme s'est jointe aux convulsions de la nature.

Habitants de l'Helvétie, chez qui j'ai appris à connaître la beauté de la création primitive, chez qui j'ai compris le monde, conservez long-temps encore la jeunesse de votre nature. C'est elle qu'on va admirer chez vous, c'est cette œuvre naïve que l'homme n'a encore attaquée ni de la hache ni du marteau. Ne faites pas la conquête d'une province aux dépens de vos nobles lacs; gardez ces vastes réservoirs ; qu'ils disent votre génie conservateur, qu'ils soient long-temps encore le cœur qui vivifie l'Europe ; sachez bien que sur vos monts, dans vos vallées profondes, à vos sources nombreuses, repose la vie physique, comme la vie morale, comme l'avenir de l'Europe. Et quand cette compagnie se présentera, qui doit saigner le Léman, qui viendra arracher à votre pays ses titres de noblesse ; repoussez les froids calculs de ses plans ; dites-lui que les mathématiques ont couvert le monde d'erreurs; répondez par la vérité de l'imagination à la fausseté des chiffres. Dites-lui que le Rhône ne doit pas se changer en torrent; que le marin de la Méditerranée ne doit point porter sa hache sur vos forêts; que vous ne consentez pas à la destruction de la première vallée du monde; que vous voulez con-

server le plus beau modèle de la création primitive ; repoussez le sacrilége de toutes les forces de
vos convictions ; jamais plus glorieuse croisade
n'aura été formée pour la dignité du monde.

Cette vallée du Rhône, ouverte du nord au
midi, continuée par la Saône, et donnant la main
à la Seine, est destinée à lier deux hémisphères,
à devenir la route de Londres à Calcutta ; ce n'est
que là que peut s'établir la grande communication du monde commerçant. Gênes a à franchir
les Apennins, le chemin de l'Allemagne lui est
coupé ; Trieste est environné de montagnes ;
Constantinople a ses Balkans ; Odessa est le poste
avancé de la barbarie à cheval ; mais Marseille
est l'avant-garde de la civilisation, c'est le lien
de l'Asie et de l'Europe ; son grand rôle est tout
dans la direction de la vallée. Ce ne sont que les
communications du nord au midi qui peuvent
avoir un grand intérêt social, car elles répondent
à des besoins de latitude. L'importance de cette
vallée n'est ni locale ni française, elle est uni-
verselle. N'est-ce pas sur cette ligne électrique,
qui traverse la France du Havre à Marseille, qu'il
convient d'abord d'accorder toutes les satisfac-
tions qui dépendent du pouvoir ? Elle doit à sa
configuration naturelle sa puissante influence.
N'est-ce pas d'elle que jaillit et se propage l'étin-
celle qui ébranle tout le corps social, soit lorsque

Paris donne l'impérieux signal, soit lorsque Lyon
y répond, soit quand, sur les pas de Barbaroux,
Marseille court dicter son altière volonté, ou
que, plus tard, l'émeute emprunte au caractère
méridional sa fougueuse activité? Toujours vous
voyez la France se manifester sur cette ligne
généreuse ou fatale qui dirige ses destinées. C'est
aussi là qu'il faut commencer l'œuvre régénératrice, parer à ces perturbations qui peuvent,
en un seul jour, propager la fièvre politique,
et soulever ces masses puissantes accoutumées
à s'entendre et rompues au mouvement des
factions.

C'est par des biens réels et matériels que vous
moraliserez la contrée, en établissant la production à côté de la locomotion, le lac et le chemin
de fer. De vains discours ne peuvent plus suffire
à de telles populations, et le long règne de la
parole doit faire place au règne de la pensée.

Et si l'on me demande quels sont les moyens
pour obtenir de si grands résultats? Eh bien!
si dans deux ans, la leçon vous venait des rives
du Niéper, si la Russie vous devançait dans la
marche de la civilisation, comment croyez-vous
qu'aurait agi l'empereur Nicolas? il eût envoyé
un ordre et deux régiments. Est-ce que nos formes constitutionnelles nous lient tellement les
bras, que nous devions renoncer à toute grande

entreprise; que nous devions être devancés dans
la carrière par des peuples d'hier? Serait-il vrai
que la vulgarité citadine nous eût envahis de
toutes parts, et eût paralysé nos nobles moyens?
N'avons-nous pas aussi nos régiments, des soldats
qui languissent dans leurs casernes? n'avons-
nous pas un budget immense, dispersé dans
quarante mille communes, qui s'absorbe dans
les détails, sans pouvoir s'élever à l'ensemble
des intérêts, ou se perd en futilités? Et nous
n'oserions tenter une expérience décisive! Ah!
il n'en sera point ainsi, ou nous marcherions
désormais à la remorque des nations!

Il nous faut, sous peine de mort, donner un
aliment à l'activité de cette jeunesse française,
qui court en foule à Paris prendre, avec une
instruction plus solide et plus variée, le goût et
les habitudes du luxe, et revient, avec désespoir,
se consumer sous l'humble toit de ses pères :
l'imagination excitée par tout ce qu'elle a vu,
elle se replie douloureusement sur elle-même,
et la fermentation se propage, et il n'est pas une
folie qui n'ait son armée. Vous pouvez doter
tant de misères, vous pouvez ouvrir une carrière
immense à tant de désirs, à tant de besoins,
à tant de talents; vous pouvez attacher au sol
ces existences tourmentées; vous avez trois milliards que vos fleuves roulent à la mer; vous

tenez dans vos mains l'indemnité du règne de
l'intelligence; vous avez en réserve les soldats
de la civilisation; ils connaissent l'histoire des
premiers soldats du monde : la deuxième légion
vit tout entière à Orange, la septième à Nimes;
leurs numéros ne sont point encore effacés. Dis-
tribuez l'eau des campagnes; il y a là des dota-
tions, des commanderies, de la gloire pour tout
le monde.

Ah! ne vous pressez pas; ne dites pas, utopie;
car l'utopie, c'est demain, c'est ce demain im-
prévu; toutes les réalités du jour sont les utopies
de la veille, qui, dès la veille, étaient claires pour
les esprits clairs, obscures pour les esprits obs-
curs. Que celui qui connaît le rayon du cercle
que nous avons à parcourir nous le dise donc.
L'utopie; c'est la montagne russe préparant les
chemins de fer; c'est Bernard de Palissy regar-
dant le couvercle de sa marmite, et pressentant
les forces de la vapeur : c'est le cristal aux mains
de l'enfant, prêt à ouvrir la route des cieux.

DE L'EAU A NIMES.

Je me demandais quelquefois compte de ces
hésitations, de ces projets divers, de ces velléités
et de ces résolutions avortées, qui, depuis trente
ans, tiennent en suspens le public de Nimes.
C'est que la question des eaux, bien que souvent posée, a été repoussée par un vague instinct qui semblait prévoir qu'on devait attendre
encore.

Renouveler l'œuvre des Romains, se montrer
les dignes héritiers de leur gloire, c'est le côté
poétique et élégant de la question ; mais ce qui
suffisait aux exigences de la civilisation romaine
reste au-dessous de nos besoins actuels. Ce ne
sont plus des bains et des naumachies qu'on réclame ; c'est une industrie haletante, ce sont
des guérets desséchés qui implorent aujourd'hui
les forces de l'élément producteur.

On avait senti l'insuffisance que je signale,
quand un projet gigantesque vint, à son tour,
occuper les esprits. Il ne s'agissait de rien moins
que de dévier le Rhône aux environs de Valence,
à travers le pays le plus âpre et le plus accidenté,
et d'amener ses eaux captives dans la cité romaine. L'on s'arrêtera, et toujours je l'espère,
devant d'insurmontables obstacles.

6

La mécanique offre aussi ses forces irrésisti-
bles, mais avec toutes ses éventualités, son entretien et ses déboursés journaliers.

De toutes les machines, les plus simples sont
aussi les meilleures. C'est l'étude des niveaux,
qui, dans les grandes œuvres municipales, offre
les moyens les plus assurés, les plus réguliers et
les plus impérissables.

Me voilà d'accord, en principe, avec ceux qui
voudraient reconquérir les eaux de l'Eure, ou
amener la déviation du Rhône. Là où je diffère,
c'est que je trouve l'Eure trop faible et le Rhône
trop loin et trop bien retranché, tandis qu'aux
portes de Nimes, à onze kilomètres, et au niveau
que l'art voudra fixer, coule dans le Gardon plus
d'eau qu'on n'en consommera jamais.

M. Valz, l'astronome, qui est aussi un grand
ingénieur, avait proposé, dans le temps, une déviation souterraine du Gardon ; et quelle que fût
la longueur du tunnel, la dépense ne pouvait se
comparer à celle du dernier projet, qui a occupé
et occupe peut-être encore quelques esprits.
Je sais la grande cause qui fit rejeter cette pro-
position ; elle était fondée : le Gardon est un
torrent, ses eaux se troublent dans les crues ;
c'est de l'eau limpide qu'on voulait, et l'on avait
raison.

J'avais signalé, à cette époque, la possibilité

d'élever un barrage sur le Gardon, en aval du
pont de Saint-Nicolas, de relever le niveau de
la rivière, de créer un lac charmant de plusieurs
lieues de longueur, et de métamorphoser une nature sauvage. Il est vrai que je n'avais parlé alors
que sous le point de vue de l'arrosage des bassins inférieurs, mais le théâtre s'est agrandi ;
il s'agit sérieusement aujourd'hui de mettre un
terme aux dévastations croissantes qui viennent
s'abattre sur nos pays ; dès-lors mon lac hypoté-
tique est bien près de devenir une réalité, car
c'est le point le plus caractérisé de tout le cours
du Gardon ; ce n'est plus un torrent qui coule
à vos portes, c'est l'eau décantée, c'est l'azur
du lac où vous pourrez puiser sans mesure.

Dix mille mètres de longueur, depuis le pont
de Saint-Nicolas jusqu'à Montpezat-les-Uzès,
sur une largeur de six cents mètres, donneraient
une surface de six millions de mètres, qui, multipliés par une moyenne de cinq mètres de profondeur qu'on pourrait donner au lac, produi-
raient trente millions de mètres cubes d'eau.
Un tunnel qui débiterait dix mètres à la seconde,
n'épuiserait ce réservoir qu'en trente-cinq jours
environ, en supposant un dessèchement absolu
de la rivière. Sur le Gardon, l'étiage n'est jamais
le dessèchement absolu ; mais, à cette époque
de la dernière saison et pour remplir leur desti-

nation primitive , tous les bassins de retenue
devraient être complètement épuisés , prêts à
parer aux inondations d'automne.

Jamais un concours de circonstances plus heureuses ne s'était présenté pour la ville de Nimes.
Le gouvernement , par un nouveau système ,
venant en aide à l'accomplissement du projet,
d'autant plus porté à donner un grand développement à ses ouvrages , qu'ils devront être pro-
portionnés aux conditions les plus méridionales,
c'est-à-dire pouvoir parer aux pluies torrentielles
et instantanées qui font le caractère de notre climat ; plus tard , le tribut des syndicats des cours
inférieurs désormais garantis, venant coopérer
à l'établissement de nouveaux barrages , tous
faisant fonction l'un de l'autre et concourant
au même but, et l'eau ainsi accumulée, rafraîchie
par le système souterrain de transmission ; et
puis un pays charmant créé à vos portes, la plus
délicieuse des villegiatures avec sa navigation,
sa pêche, la fraîcheur, les ombrages, tout ce
dont est privé votre pays; et ce ne sont pas là
les moindres biens : la création est un poëme
avant que d'être une usine utilitaire.

UNE COURSE AU CLAP DE LUC.

Je viens de faire une course au Clap de Luc ;
là, un immense éboulement de rochers, qui, dans
leur chute, affectent les formes les plus acciden-
tées, vint fermer le cours de la Drôme et former
deux lacs superposés qu'on retrouve dans toutes
les cartes anciennes.

Encore une œuvre de la nature, que les travaux de l'homme ont fait disparaître. Un tunnel creusé dans le rocher, ouvre passage aux
eaux et reconstitue la triste uniformité du torrent ; cette uniformité que la main de l'homme
à établie partout, lance comme un trait les courants des montagnes aux vallées et produit ces
désastres toujours croissants qui viennent rava-
ger nos contrées. C'est aussi sur les pentes rapides, qui courent des Alpes à la plaine, que la
création primitive avait multiplié les obstacles et
étendu son système préservateur. Pour parler
de ce que je connais le mieux, Aigues, qui apporte parfois un contingent considérable, était
barré aux Piles, au-dessus de Nyons, et formait
un réservoir immense. L'Ouvèze, au-dessus du
Buis, était barré par des rochers, et la main
qui les a brisés, a laissé encore son empreinte.

Le Roubion, qui a menacé si souvent l'existence
de Montélimar, se précipite par une étroite issue
au-dessous de Saou. Sur tous nos torrents,
on retrouve ces retenues naturelles que la décrépitude du monde et plus souvent l'impru-
dence humaine, sont venus aplanir partout;
où existait l'arrêt, s'est placée l'accélération,
et voilà la grande et incontestable cause de ces
dangers que nous voyons croître sous nos yeux,
d'inondations en inondations, toujours plus me-
naçantes et plus destructives.

Voilà la question principale qu'il convient
d'étudier; il s'agit de régulariser le débit de chacun de ces affluents du Rhône, par des barrages
successifs et nombreux, et non pas par un barrage unique qui aurait trop de hauteur, pourrait
être renversé et causer plus de maux encore
qu'on n'en voudrait prévenir.

Toutes ces rivières, elles-mêmes, ont de nombreux tributaires; c'est là que les tranchées trans-
versales, les enrochements, les claps artificiels,
viendraient utilement se placer.

C'est donc par la multiplicité des œuvres, plus
que par leur importance qu'on atténuerait le
danger; tous ces cours d'eau traversent des
vallées sauvages, aux pentes abruptes que la
culture ne saurait atteindre; ce sont les points
qu'il faudrait choisir; quelquefois, on pourrait

étendre la limite des réservoirs, avec quelque indemnité pour de misérables cultures.

L'œuvre peut être longue, mais elle est possible ; elle est indispensable et d'autant plus encourageante que les fruits peuvent s'en recueillir immédiatement et successivement, à mesure des travaux accomplis ; combattre la nature insurgée, rétablir l'œuvre de Dieu, insultée si long-temps par notre imprévoyance, discipliner ces forces errantes et les faire concourir à l'harmonie du monde, c'est aussi glorieux, aussi indispensable que de refouler la barbarie dans le désert.

Déjà au dix-septième siècle, un exemple fut donné aux lieux où la Loire quitte ses sombres vallées et vient se développer dans la plaine du Forez, à Pinnay ; Colbert fit élever un barrage qui atténue encore de nos jours la violence du courant ; l'aval a été protégé, autant qu'un ouvrage unique pouvait le faire, l'amont est devenu un pays charmant. Ce n'était là qu'un essai, mais on ne bâtit pas Versailles, l'on ne fait pas la guerre au monde, on n'assassine pas ses sujets pour s'égarer long-temps dans les voies de l'utile, et Dieu ne permit pas la vraie grandeur à ce Roi, puni jusqu'à sa quatrième génération, selon les promesses de l'Écriture.

Si le drainage, cette conséquence d'une na-

ture petite et froide, semble presque exclusi-
vement occuper l'agronomie du jour, quel fruit
ne retirerait-on pas de ces réservoirs multipliés
dont l'eau accumulée, réchauffée aux rayons
du jour et sagement aménagée, viendrait se
marier aux ardeurs du soleil du midi, et pro-
duirait ce luxe de végétation qu'on peut toujours se promettre de ces deux éléments de la
vie des plantes, la chaleur et l'eau ! Ce point
qui, au souvenir de nos malheurs, paraît subsi-
diaire, serait bientôt la question principale, et
c'est là qu'on trouverait l'ample dédommage-
ment des sacrifices qu'on croirait faire aujour-
d'hui. Ce n'est pas pour rien que les Tzars de
Russie, voudraient changer Pétersbourg pour
Constantinople ; ils contemplent de plus près
que nous les antiques civilisations méridionales,
qui laissent, après tant de siècles, les traces de
leur grandeur ; leur puissance reposait sur ce
principe, et c'est après avoir arrosé la Mésopo-
tamie, qu'on put bâtir Ninive et Babylone.

Voyons maintenant dans quelles limites les
ouvrages pourront être contruits, pour atteindre le but sans le dépasser.

L'intéressant travail de M. Vallée viendra
servir de base à nos supputations.

Le Lac de Genève a 600,000,000 de mètres
de surface ; l'arrêt de 86,400,000 mètres d'eau

par jour, 1,000 mètres par seconde, n'aug-
mente le lac que de 144 millimètres ; cet arrêt,
prolongé pendant dix jours, terme suffisant pour
parer aux éventualités, n'élèverait le lac que de
1^{m}440, tout au plus, la moitié du mouvement
annuel qui s'y fait sentir, et ne pourrait, dans
aucun cas, causer une perturbation sensible sur
ses rives ; cet arrêt atténuerait l'inondation de
1^{m}45 à Lyon et de 0^{m}78 dans le cours inférieur
du fleuve ; si sur les vingt principaux affluents
qui forment le cours du Rhône et sur leurs nombreux tributaires, on pouvait mettre en réserve,
derrière les barrages que je propose, une super-
ficie égale à celle du lac, l'atténuation serait
d'autant plus complète que ce ne serait plus
seulement sur une marge d'un mètre et demi
qu'on aurait à agir, mais sur plusieurs mètres,
quatre, six, dix peut-être ; qu'on aurait ainsi
une action tout-à-fait radicale sur l'inondation,
jusqu'à supprimer le courant du fleuve, et, que
dès-lors on pourrait réduire les travaux à des
proportions bien moindres, et que la moitié,
ou même le quart de la surface du lac, suffiraient à l'effet utile qu'on devrait obtenir. L'on
formerait, en même temps, les réserves puissantes qui assureraient l'irrigation pour le reste
de la saison. Des travaux bien moindres à coup
sûr que la construction des digues insubmer-

sibles suffiraient à accomplir ce grand acte de
civilisation ; reconquérir ses plus belles provinces
menacées sans cesse par l'insurrection des eaux,
créer d'un autre côté, sur des pentes hideuses,
la splendeur des lacs, l'ombrage de leurs rives,
le charme des cascades et la fécondité des irrigations, c'est reconquérir la plaine et ressusciter
la montagne, c'est créer à la fois une Suisse et
une Lombardie, c'est le bois de Boulogne, aux
flancs de mille coteaux, c'est la richesse et l'abondance, c'est la reconstruction et l'équilibre du
monde. Il faut le dire, il y a de nos jours tant
de grandes choses exécutées, que ce n'est pas
sans espoir que je trace ces lignes ; faire ce qui
n'a plus été tenté depuis les Romains, c'est une
grandeur oubliée qu'il est digne de notre âge
de faire revivre.

Ce n'est pas qu'on soit resté inactif jusqu'à
ce jour ; on a endigué les fleuves et accru la force
des digues, en raison des forces qu'on avait à
combattre ; on n'a pas manqué de courage,
on a manqué de tactique ; à une force aveugle
on a opposé une résistance aveugle ; on n'agit
point ainsi à la guerre, on fait des diversions,
on occupe sur cent lieux différents les forces
adverses, on fait naître l'hésitation, on coupe
les communications ; c'est en vain qu'en 1852,
trois millions de socialistes lèvent l'étendard

de la destruction ; ils ne peuvent réunir en un
seul toute leur criminelle colonne ; les adminis-
trations, les influences locales, les petites gar-
nisons, comme autant de barrages, retiennent
ces affluents qui s'absorbent sur le sol même
qui les avait vus naître. Ayons donc autant d'esprit pour combattre la nature sauvage qu'on en
a montré pour combattre la sauvagerie humaine;
et si l'on n'a pas partout un lac de Genève pour
arrêter le danger, créons cette multitude plus
puissante, parce qu'elle est partout plus mania-
ble pour agir selon les éventualités, ne défen-
dant pas seulement un point, mais toute la ligne
ménacée.

Ainsi nous le demandons, profondément pénétré de ces vérités, qu'à vingt ans de distance,
nous proclamons pour la seconde fois; qu'on
fasse les études pour accomplir ce grand acte
de rédemption; qu'on les étende sur tous les
affluents et sur une surface suffisante pour
étreindre le mal; qu'on fasse comprendre à
ce pays, toujours prêt à payer sa gloire, que
c'est aussi de la gloire qu'on lui demande,
que c'est l'insulte sauvage des éléments qu'il est
honteux d'endurer plus long-temps.

Ensuite qu'on reboise les montagnes, qu'on
circonscrive la pâture ; ce sont là des auxiliaires qui viendront sauvegarder les grands

travaux, ils viendront en aide à une action plus énergique, mais les effets en seraient trop lents pour la situation; les dangers sont pressants, il faut d'autres moyens, il faut substituer les canons Paixhans et les carabines Minié, aux sociétés de la paix. En présence des convulsions du monde, le régime et l'homœopathie sont insuffisants; il nous faut la lancette et le trépan.

Auguste de GASPARIN

Orange, Imprimerie de RAPHEL fils.

www.ingramcontent.com/pod-product-compliance
Lightning Source LLC
Chambersburg PA
CBHW060624200326
41521CB00007B/888